全国高职高专规划教材·艺术设计系列——动漫篇

Maya贵族：Character Setup

于 洋 主编

北京大学出版社
PEKING UNIVERSITY PRESS

内容简介

本书主要介绍Maya角色设定的内容。全书共分为7章。第1章为理论基础讲解，第2章讲解Maya软件中变形器的使用和编辑，第3章讲解Maya软件中骨骼的创建方式和方法，第4章讲解约束工具在Maya软件的应用，第5章进入实例操作阶段，第6章在骨骼系统的基础上讲解控制系统的建立，第7章讲解角色设定中蒙皮的流程。全书内容丰富，结构清晰，技术参考性强，讲解由浅入深且循序渐进，涵盖面广又不失清晰细致的细节描述。本书适合广大CG爱好者，尤其是想进入和刚从事影视动画工作的初、中级读者阅读，也可供从业多年的业内人士参考。

图书在版编目(CIP)数据

Maya贵族：Character Setup/于洋主编．—北京：北京大学出版社，2011.2

（全国高职高专规划教材·艺术设计系列——动漫篇）

ISBN 978-7-301-18027-3

I. ①M…　II. ①于…　III. ①三维－动画－图形软件，Maya－高等学校：技术学校－教材　IV. ①TP391.41

中国版本图书馆CIP数据核字(2010)第 215889 号

书　　名：Maya贵族：Character Setup

著作责任者：于　洋　主编

策划编辑：栾　鸥

责任编辑：栾　鸥

标准书号：ISBN 978-7-301-18027-3/J □0344

出　版　者：北京大学出版社

地　　址：北京市海淀区成府路 205 号　100871

网　　址：http://www.pup.cn

电　　话：邮购部 62752015　发行部 62750672　编辑部 62756923　出版部 62754962

电子信箱：zyjy@pup.cn

印　刷　者：北京大学印刷厂

发　行　者：北京大学出版社

经　销　者：新华书店

889 毫米×1194 毫米　16 开本　10 印张　316 千字

2011 年 2 月第 1 版　2011 年 2 月第 1 次印刷

定　　价：35.00 元

编纂委员会名单

丛书总序

随着信息时代的到来，人们的生产生活方式及观念都发生了深刻的变化，市场竞争日趋全球化，企业也处在立体化的竞争状态，企业对艺术设计人才的需求也会更高，这为艺术设计教育带来了广阔的发展空间和严峻的考验。我国高校艺术设计专业随着经济社会发展的需要和文化事业需求的不断升温，高素质艺术设计人才的培养备受关注。

一个国家产业的发达，必然和它的人才培养体系密不可分。在教学体系中，优秀的教师不可或缺，而一套好的教材对于艺术设计教育也同样重要，它关系到培养出来的学生是否能成为业界有影响力的骨干和实干人才，因而直接关系到产业的发展。教材是实现教育目的的主要载体，是教学的基本依据，是学校课程最具体的形式。同时高质量的教材也是培养高质量优秀实战型专项人才的基本保证。

本套“全国高职高专规划教材·艺术设计系列”教材的编写，就是为了适应行业企业需求，提高艺术设计专业人才职业能力和职业素养而编写的。从选题到选材，从内容到体例，都制定了统一的规范和要求。为了完成这一宏伟而又艰巨的任务，由北京大学出版社、北京汇佳职业学院组织一批有志于这方面研究的设计专业教师和具有实践经验的一线设计师及专家，经过近年的教学实践和专题研究，编写了本套教材。合理的作者团队结构，使本套教材能够紧密结合教学实际，讲解知识深入浅出，注重理论与实践的结合，引导学生独立思考，激发学生的创造性和积极性，形成其特色鲜明的一面。

这套教材的特点在于：

1. 内容的职业性

本套“全国高职高专规划教材·艺术设计系列”教材融入了足够的实训内容。编写的时候，编委会成员详细地分析了课程的能力目标：以同一职业领域的不同职业岗位为出发点；以培养学生的岗位动手操作应用能力为核心；以发现问题、提出问题、分析问题、解决问题为基本思路；以实际工作中的设计项目或案例为载体，设计足量的应用性强的实践内容；以就业为导向，强调能力本位的培养目标，是这套教材贯彻始终的基本思想。因此，各类高校和培训机构都可以根据自身的教育教学内容的需要选用这套教材。

2. 契合专业特点

教材内容的选择充分地考虑了学生的需要、兴趣和能力，同时适当地运用了与专业特点相适应的现代教学方式。适合艺术设计学科的规律，有理论又有实践，理论与实践相结合。突出实践教学环节，从实际出发，强化职业技能培养。力求符合高职高专层次、突出高职高专特点、贴近高职高专学生实际、满足高职高专学生就业需求。

3．注重实用性

本套教材着重体现实用功能，强调实用技能和技术在学生未来工作中的实用效果，试图在理论知识与专业技能的结合点上重新组合，并力图达到完美的统一。根据教学目标、课程类型、课程进程（包括教学内容、教学方法、时间分配、作业习题、课题设计、基础训练、操作技巧）、作品分析以及教具等进行编写，具有鲜明的个性。

4．新颖性

在编写时考虑了本套教材的表现形式问题：从文字角度来说，力求通俗易懂，新颖活泼；从版面编排角度来说，力求图文搭配，版式灵活。为的是能够激发学生的学习兴趣，有助于消化教学内容。

本套教材，各书既可以独立成册，又相互关联，具有很强的专业性。它既是艺术设计专业教学的强有力的工具，也是引导艺术设计专业的学习者走向艺术设计成功之路的良师益友，更是北京汇佳职业学院教学与科研成果的集中展示。我们欣慰和喜悦于这样一套技术与艺术紧密结合的教材的出版，因为它为高职高专艺术设计人才的培养提供了一个有益的教学参照，同时对高职高专艺术设计教育的发展起到了推动作用。

教育永远是一个变化的过程，本套教材也只是多年教学经验和新的教育理念相结合的一种总结和尝试，难免会有片面性和不足。希望各位老师和同学在使用中指出我们的问题和错误，以求在修改中不断完善，提高再版质量，为我国的艺术设计人才培养贡献一套高水平有特色的教材。

徐恒亮

2010年5月

（徐恒亮：北京汇佳职业学院院长，教授，中国职业教育百名杰出校长之一）

前言

本书为Maya角色设定的专业书籍，包含角色骨骼系统、控制器系统的建立以及蒙皮。

进入了CG时代，代表着以计算机为主要工具进行视觉传递和生产的一个新的艺术时代的来临。它既包括技术也包括艺术，即当今电脑时代中所有的视觉艺术创作活动，如三维动画、游戏、影视特效、平面设计、网页设计、多媒体技术、建筑设计、工业造型设计等。而Maya就是一款制作CG较为全面和基础的高端软件。我们已经不再满足于简单的应用，而是要追求更加完美以至虚拟现实的效果。

角色模型的建立部分已经在本系列的《Maya贵族：Polygon的艺术》中讲解，本书的内容是根据所创建的角色模型建立角色骨骼开始到角色的蒙皮部分。

三维动画和二维动画的基本原理是相同的。二维动画通过原动画来控制角色的动作，然后再通过加中间画生成连贯的动画。而三维动画则是在时间线上使用关键帧位置设定角色动作的极限姿态或者角色的极限形变，然后通过三维动画软件的插值系统来自动生成关键帧之间的动作过程以及变形过程。三维动画将二维动画中人工加中间画的工作转交给电脑软件来完成，大大提高了动画的制作效率。

三维动画由于是三维的视觉效果，所以角色是立体造型。与木偶动画相似，我们只需要在三维动画软件中摆放角色的特定姿态，然后设定关键帧即可完成角色动作动画的制作。如果要控制角色的姿态，角色必须要有支撑身体的骨骼，并且骨骼和角色的三维造型要经过非常仔细的蒙皮处理，以保证骨骼与角色外形运动的协调一致。在创建骨骼以及给骨骼蒙皮之后，还需要使用反向动力学或正向动力学方法来控制骨骼的运动，达到最佳的控制效果。最后进行角色设定，将控制角色姿态的所有参数进行分类集中管理，一方面便于操作提高效率；另一方面可以将其整理为动作素材，进行非线性编辑，如变速、重复等操作，编辑好的动作还可以与其他动作素材进行混合，使角色完成更为复杂的动作。以上所述这些步骤是制作三维角色动画的前期准备工作，一般称为角色设定或者是角色装配。只有认真仔细地完成了这部分的工作，动画师才能在调动画的过程中真正享受到创造角色的乐趣，而无需再过多地考虑技术问题。当然某些特殊镜头或是特殊动作也需要对原有的角色设定进行必要的修改，但是一个具有相对统一标准的角色设定是一个团队制作三维动画的基础，只有在可以平滑交流的公共平台上才能形成流程化的三维动画制作模式。

Maya功能完善，工作灵活，制作效率极高，渲染真实感极强，是电影级别的高端制作软件。其售价高昂，公司推出PLE版本供制作者免费学习使用，声名显赫，是制作者梦寐以求的制作工具。掌握了Maya，会极大地提高制作效率和品质，能够调节出仿真的角色动画，渲染出电影级别的真实效果，向世界顶级动画师迈进。

《Maya贵族：Character Setup》共七章。

第1章为理论基础的讲解。

第2章、第3章和第4章为技术基础练习阶段，在所学内容上熟练掌握可了解变形、骨骼和约束的概念以及应用。

第5章、第6章和第7章为实例操作阶段：从创建角色的骨骼系统开始，一直到控制骨骼的控制系统以及最后一章的蒙皮。最后三章贯穿之前的所有内容，从头至尾进行角色的装配和角色的绑定，让学习者了解人体建模的整个顺序、并熟悉工作流程。

作者特别感谢于晓亮、周淑亭、郭明珠、裴春政、赵诣博在本书的编写、策划、创作等过程中所给予的支持和帮助，以及王静老师和北京大学出版社所有同志在对本书内容的审核中给予的指导。

本人从开始学习Maya至今，一直坚持不懈地深入研究相关领域的知识，在多年的学习过程中对Maya的认识不断加剧，在工作中与同事共同研究Maya更多的技术问题。我热爱CG艺术，深深地迷恋这种艺术给我带来的快乐，希望我对Maya的热爱能传播给更多的Maya专业人员和爱好者、将学习Maya变成一种快乐，玩转Maya。

由于作者水平有限、撰写书籍的过程中难免有疏忽之处，请广大Maya专业爱好者批评指正。

于　洋

2010年5月

课时参考

章节	课程内容	课程目标	知识要求	课时分配
第1章（总课时4）	Character Setup 概述	对Character Setup有理论上的认知，结合理论知识了解技术的发展	对Character Setup的工作流程有深入的认识	4课时
第2章（总课时36）	Deformers［变形器］的创建与编辑	学习Maya的变形，对各种变形器的创建与编辑能够熟练掌握	Blend Shape，Lattice，Wrap，Cluster Soft Modification Nonlinear，Sculp Jiggle Wire Wrinkl控制器的应用	36课时
第3章（总课时48）	Skeleton［骨骼］	了解Maya中骨骼关节的创建方式，骨骼链、肢体链等重要概念。FK、IK的不同运动方式	创建骨骼 IK运动的控制 FK运动的控制	48课时
第4章（总课时24）	Constrain［约束］	掌握约束关系的应用，约束在Maya中的控制原理，这些内容都与通道栏有关系	9种约束：Point，Aim，Orient，Scale，Parent，Geometry，Normal，Tangent，Pole Vector	24课时
第5章（总课时48）	实例操作——搭建角色骨骼	深入学习角色骨骼系统的搭建	角色骨骼系统的创建，一定要以真实的人体骨骼为依据，严格对每个关节命名，并根据不同的部位设置不同的骨骼	48课时
第6章（总课时48）	实例操作——建立控制器	深入学习约束在控制器与骨骼之间的作用	约束是一种高级的控制关系。在骨骼系统和控制器之间创建约束时，往往是骨骼与控制器以及IK相互约束	48课时
第7章（总课时48）	实例操作——为角色蒙皮	深入学习绑定和编辑权重的工作流程	蒙皮是将骨骼和角色模型相互绑定的过程，这个过程架起了动画和模型性之间的桥梁	48课时

目录

第1章　Character Setup概述

三维动画作为计算机技术发展产生的新兴高端技术，被广泛应用在各个领域。三维艺术家们通过动画软件在计算机中创建出虚拟的世界，在这个虚拟出来的三维空间中表现各种各样的艺术作品。

在影视和动画的行业中，各企业在生产一线都配备了高端的制作人员和软硬件。这是高质量影片产生的前提。

【学习目标】

本章主要讲解角色设定的理论知识。在学习相关技术之前，首先要丰富对所学对象的理论了解，再通过后面的章节实践检验真理，才能够完善学习的理念。

1.1　了解Setup的技术发展

进入三维制作的过程中，模型师根据手绘的二维人物设定稿和场景设定稿建立角色、道具、场景等模型；材质灯光师为角色和场景绘制贴图，依据剧本所需的空间环境测试灯光系统；绑定师创建与角色匹配的骨骼控制系统、肌肉系统，尽可能将角色贴近现实；动画师通过骨骼的控制系统制作角色的肢体和表情等动画；特效师在已完成的角色动画中制作画面中的特效，使得虚幻的三维空间增加了更多现实的效果；后期与渲染师担负着最终的合成、剪辑工作……这一套工作流程严谨而高效。

本教程着重讲解的Setup是绑定师们的工作。

关于Setup的中文翻译有很多，但是在三维动画的领域，Setup只解释为“设定”。设定的对象就是影片中的角色模型。本教程和本章节的名称Character Setup即“角色设定”。

角色是一部影片的灵魂，故事发生、发展的核心。角色的动画除了依靠动画师凭借深厚的运动规律、动作解析等功底调节动画，还需要依靠的就是角色完美、严密的控制系统。Setup的工作范围包含了控制系统的创建。

绑定师要为角色建立骨骼系统、为骨骼创建控制器系统、最终绑定角色模型和骨骼，让角色可以运动，这就是绑定师们的工作范畴。

Setup的工作要求高端的技术性。世界顶端的三款三维动画软件：Autodesk 3ds max、Autodesk Maya和Autodesk Softimage，无论在哪一款软件中，Setup的环节都不可缺少。这是一个赋予角色生命最前沿的过程。

对角色的设定需要绑定师具备多方面的才能，在软件方面要求熟练运用；在艺术修养方面需要有深厚的美术功底、运动规律以及对生物解剖学的理解。

Setup技术的多年发展，对绑定师的要求也与日俱增。目前的很多动画电影都以虚拟或者超越现实为首要目标，这就对角色的设定有更高的要求。虽然我们一直在学习北美先进的三维技术，但是技术的可变性很多，是永远在更新的。学习是发展的前提，必须对技术有独特的见解，能够在学习的基础上有所创新，才能够站在技术的最顶端。

1.2 Setup工作流程

在三维动画制作过程中，前期的角色设置工作相对复杂，具备相应的难度。制作三维角色设定同样要求绑定师很好地掌握运动规律，这样才能让动画师制作出生动活泼、性格鲜明的动画角色。

更为复杂的三维动画则需要绑定师具备对生物肌肉解剖的正确把握，以及对自然现象发生和发展过程的正确表现，例如，肌肉在运动过程中的变形规律。

整个三维角色动画的一般制作流程如下：

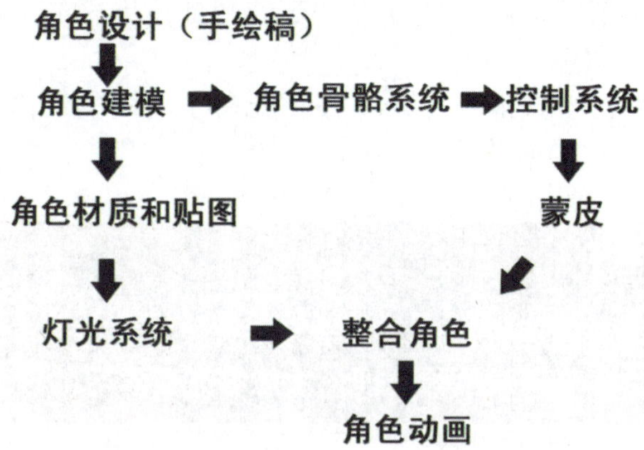

在Character Setup环节中绑定师主要的工作包括两方面的内容：角色装配和角色绑定，如图1.1所示。

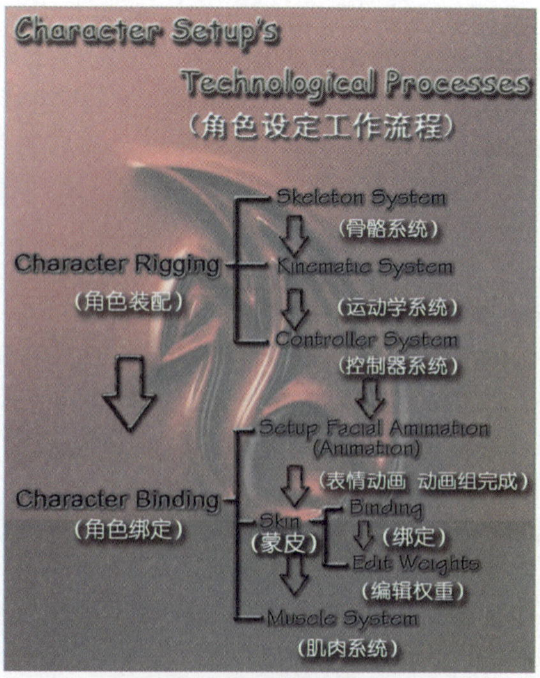

图1.1 Setup工作流程

1.3 Setup综述

Setup架起了角色模型和角色动画之间的桥梁。将静止、没有生命的模型变成可动画的、赋有生命的角色。

绑定师的工作就是根据项目中角色的需要，通过所具备的技术，提出一个符合角色动画需要的控制方案，以便动画师可以塑造角色的性格特征。Setup本身包括的内容是很广泛的，在本教程中会针对角色装配和角色绑定进行学习。

角色装备是为便于角色控制而创建的设置。如果把角色看做是一个木偶，那么角色装配就是控制木偶的牵引线。牵引线在木偶上放好正确的位置，木偶的控制也就容易了许多。角色装配也是如此。角色装配控制一定要方便操纵。复杂或者真实的角色可能在身体的上上下下需要装配许多控制，甚至包括牙齿的控制。在学习相关的技术之前，必须在理论上理解一些Setup必备的原则。

Setup的第一步就是创建角色的骨骼系统。骨骼的创建需要了解真实人物或者动物的骨骼状态以及骨骼的运动特征。由此判断在角色模型的哪一个位置创建关节、创建哪一种类型的关节等。动画所要求的质量越高，角色骨骼系统的建立也相应的越复杂。对骨骼的每一个关节规范的命名对后续的工作极其重要，因此一定要养成规范命名的习惯。在项目的其他流程中也应该养成这个良好的习惯。

在角色动画前，设置角色骨骼的控制系统是很重要的。动画师可以通过控制器控制角色的运动，使蒙皮后的角色模型形成一个一个地Pose，动画出活生生的角色的过程实际上也就是由一个Pose到另一个Pose的变化过程。

本章小结

本章节针对Setup技术的发展、流程以及应用做了简单的阐述，这是学习设定技术之前的铺垫。

任务分析

设定的过程复杂多变，但宗旨是赋予角色一套完美的控制系统。应该加强对生物解剖的学习，建立扎实的艺术修养。

复习思考题

理解人体骨骼的运动关系。

第2章　Deformers［变形器］的创建与编辑

学习Maya动画，需要重点理解的一个概念就是变形。变形的概念可以简单理解为形体发生变化。世间万物只要存在变形，动画就会存在。

在本章中，将讲解Maya中Deformers［变形器］菜单的概念与应用。Deformers在Maya动画中起到了至关重要的作用，许多动画影片的精髓都是利用了Deformers优越的变形效果来实现的。理解了变形节点及其放置顺序才能正确地创建并调整物体的变形效果。

所有物体产生动画的根源不外乎两种：空间的变化和形体的变化。形体的变化就是通常所说的“变形”。物体空间的变化和形体的变化，如图2.1和图2.2所示。

图2.1　物体空间的变化

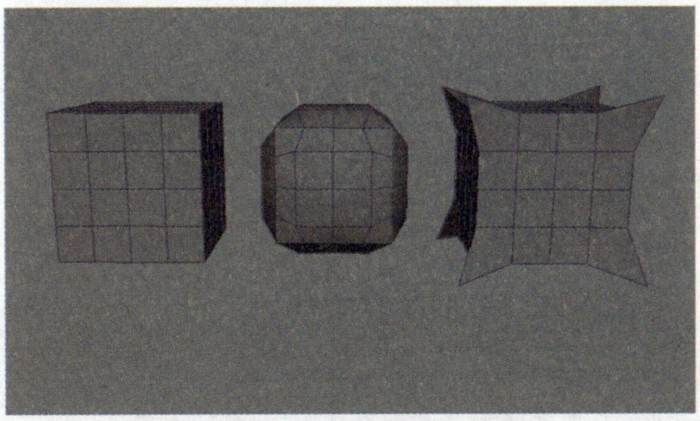

图2.2　物体的形体变化

Maya中的变形器［Deformers］在所有可变形物体上创建变形效果。对于任何物体，只要它的构造由控制点定义，就可作为可变形物体。

Control Point［控制点］包括了NURBS物体的CVs［控制顶点］、Polygon物体的Vertex［顶点］和Lattice Point［晶格点］。NURBS物体的曲线、表面、Polygon物体的表面和Lattice［晶格变形］都是可变形物体。

【学习目标】

本章主要讲解变形器的应用。让物体发生变形是动画中不可缺少的一部分，想要打造完美的变形就要深入学习如何才能变形。学习的首要目标是熟练创建和编辑变形器，并理解各个变形器的变形原理。

2.1 变形器概述

Maya的变形菜单位于Animation模块下，Create Deformer［创建变形］和Edit Deformer［编辑变形器］。Create Deformer菜单主要用来创建变形器，而Edit Deformer菜单用于编辑已经创建好的变形器。二者关系密切，配合使用，如图2.3所示。

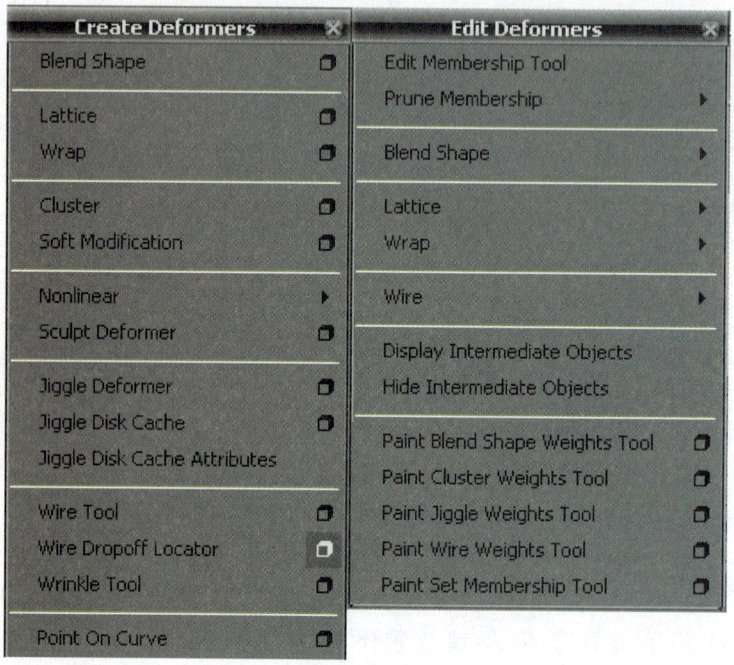

图2.3　变形菜单

通过为物体添加Maya的Deformers，可以改变物体本身的几何形状，这时就会产生变形。Maya软件包括了下列类型的变形：Blend Shape［融合变形］、Lattice［晶格］、Wrap［包裹变形］、Cluster［簇变形］、Soft Modification［软修改］、Nonlinear［非线性变形］、Sculpt Deformer［雕刻变形］、Jiggle Deformer［抖动变形］、Wire Tool［线变形］和Wrinkle［褶皱变形］。

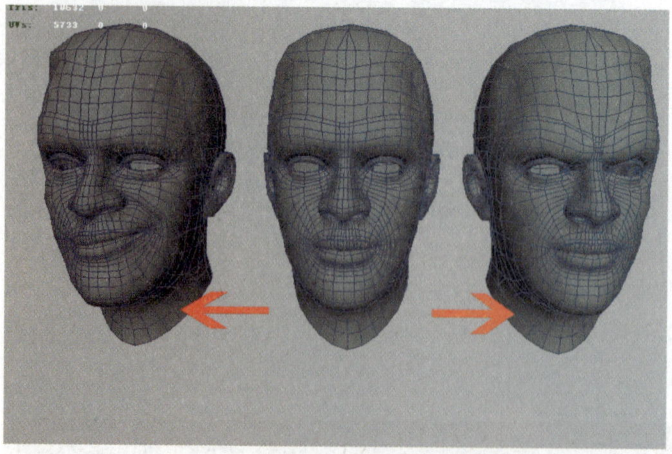

图2.4　Blend Shape制作的表情动画

2.2 Blend Shape

Blend Shape可以使一个物体逐渐变形为另外一个物体的形状。

Blend Shape在角色动画中主要应用在面部表情动画中。此类变形器需要至少两个或两个以上结构相似的物体，他们的形状可以不相同，但是结构必须一致。使用Blend Shape可以产生物体形状过渡的动画效果。角色头部的三种表情如图2.4所示。中间的是原始模型，两侧为压眉和翘嘴的两种表情。可以通过Blend Shape为角色头部制作表情的过渡。

2.2.1 Blend Shape主要参数设置

打开菜单Create Deformers→Blend Shape→❐，展开Blend Shape的属性编辑窗口，如图2.5所示。

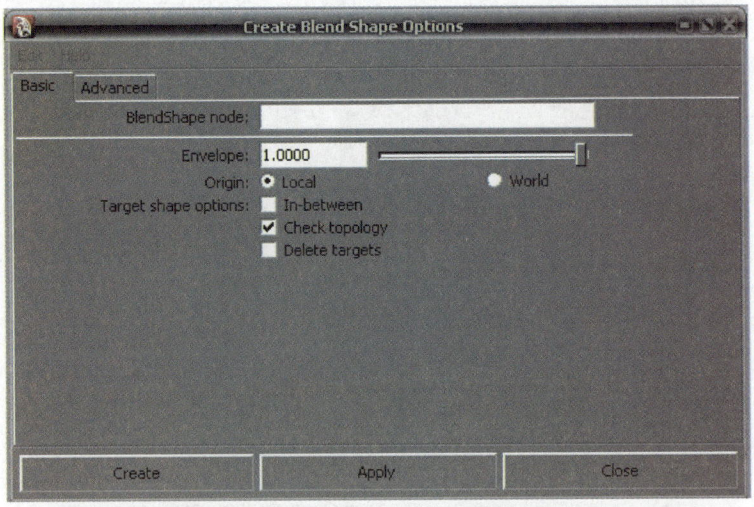

图2.5　Blend Shape属性编辑窗口

1. Blend Shape Node［融合变形节点］

Blend Shape Node可以为Blend Shape键入名称，以此方便编辑中的查找。

2. Envelope［强度］

Envelope用于设置融合变形下影响的作用力大小。该参数越大，影响力越大；反之则影响力越小；参数为“0”时融合变形不再起作用。Envelope最大为“1”，最小为“0”。

3. Origin［原点］

Origin用于控制Blend Shape目标变形物体和基础变形物体空间位置Local［自身］和World［世界］的差异。选择Local时，融合变形将会忽略目标变形物体和基本变形物体位置上的变化。而选择World时，融合变形会将目标变形物体和基本变形物体形状和空间位置的差异都融合在内。

4. Target Shape Options［目标变形物体选项］

Target Shape Options可以控制融合变形过程中的目标变形物体，该选项共分三种。

（1）In—between［内插］

In—between选项可以控制融合变形的融合效果。勾选该选项时Blend Shape节点只有一个可变形属性，融合的转化会按照目标变形物体的选择顺序依次变形。不勾选时，在Blend Shape节点上每一个目标变形物体都会对应一个变形属性，所有的变形同时出现。

（2）Check Topology［检查拓扑］

用于设置检查目标变形物体和基础变形物体的拓扑结构是否一致。

（3）Delete Target［删除目标变形物体］

勾选该选项时，融合变形后所有的目标变形物体都会被删除；不勾选则在融合变形后仍然保留原始的目标变形物体。

2.2.2　Blend Shape的应用

在变形过程中，需要注意区分上面提到的Target Shape［目标变形体］和Base Shape［基础变形物体］。

首先选择Target Shape。如果有多个Target则需要按键盘Shift键进行多选，最后再选择Base Shape，执行菜单Create Deformers→Blend Shape，融合变形便会产生，如图2.6所示。

首先选择Target 1，按Shift键加选Target 2，最后选择Base Shape。所产生的融合变形需要在菜单项Window→Animation Editors→Blend Shape中查看使用，如图2.7所示。

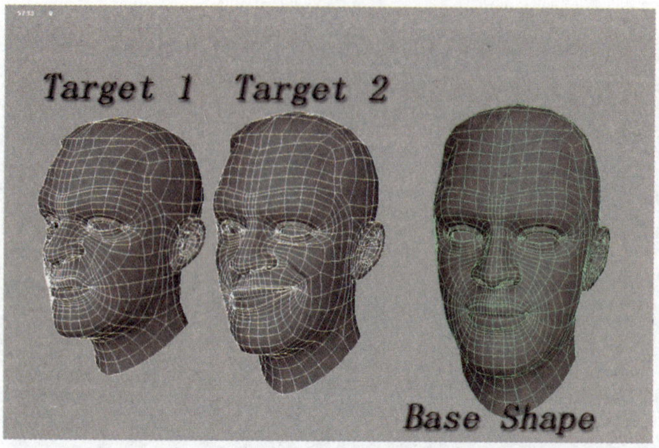

图2.6 Blend shape选择的先后顺序

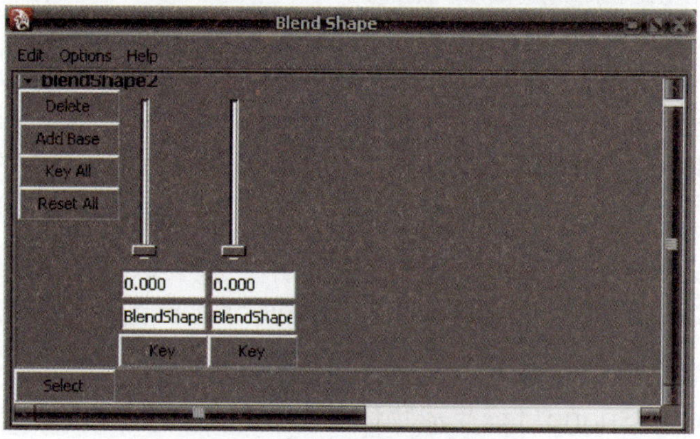

图2.7 Blend Shape控制面板

通过面板中的滑块可以调节Blend Shape的变形形态。

2.3 Lattice

Lattice［晶格］是一个立方体框架结构的点阵，可以整体改变物体的形状。Lattice不仅是一个很有用的变形动画工具，而且在建模过程中经常用于修改模型的外形。在创建Lattice变形器后，Lattice环绕基础变形物体，通过操作Lattice即可改变物体的形状，如图2.8所示。

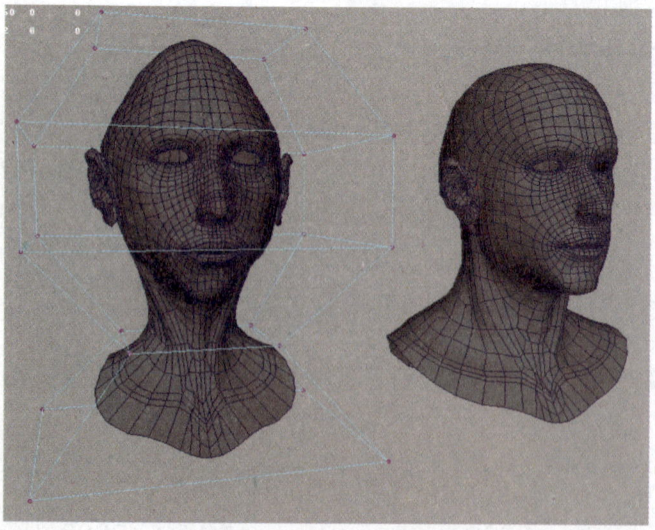

图2.8 Lattice的变形效果

晶格是一个空间位置的点组织结构，可对所有的可变形物体进行自由的形态变形。在创建变形效果时，可以通过移动、旋转或缩放晶格结构编辑晶格，或者直接操作Lattice Point［晶格点］来改变晶格的形状，同时伴随基础变形物体的变形，进入到Lattice Point级别进行修改，如图2.9所示。

Lattice共由两部分构成：影响晶格和基础晶格。所说的“晶格”一般指的是影响晶格。查看Outline窗口，如图2.10所示。

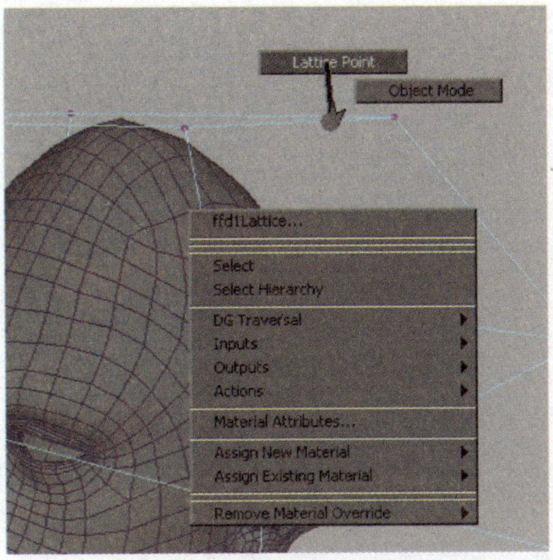

图2.9 Lattice Point

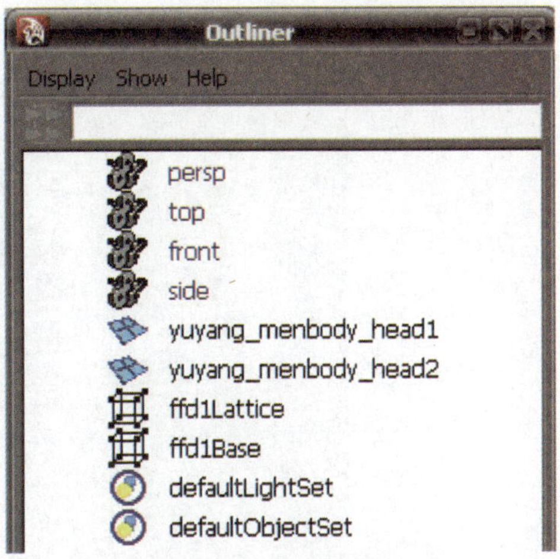

图2.10 Lattice的组成

可以看到Lattice由ffdLattice［影响晶格］和ffdBase［基础晶格］两部分组成。晶格变形的效果基于ffdBase和ffdLattice的Lattice Point之间的差异。在Maya系统默认设置下，ffdBase是处于隐藏状态的。

在Maya整个变形系统中，Lattice本身可以作为可变形物体，可以创建影响Lattice的变形。使用其他的Deformers［变形器］变形一个Lattice，对于晶格点的变形效果将依次影响被Lattice包裹下的基础变形物体。例如，为Lattice创建Blend Shape，就可以实现晶格的融合变形动画。此外，晶格也可以被用做骨骼绑定，被绑定骨骼的Lattice会跟随骨骼的运动而运动。Lattice是一个非常灵活的变形器。

选择要变形的物体（使其成绿色高亮显示），再执行菜单Create Deformers→Lattice，即可为基础变形物体创建晶格变形器；如果未选中任何物体，执行菜单Create Deformers→Lattice则会创建一个空的晶格变形器。

选择已经创建好的Lattice，在右侧通道栏中可以设置自身的Divisions［分段数］，如图2.11所示。

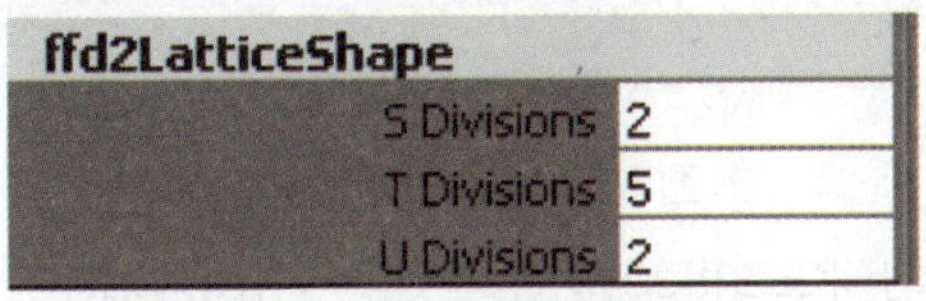

图2.11 Lattice的Divisions

在Lattice Point没有被编辑时可以自由设置Lattice三个轴向的Divisions。如果Lattice Point已经被编辑（包括位移、旋转、缩放等），改变Lattice的Divisions将会导致基础变形物体不正确的变形。

需要注意的是：直接删除已有变形的Lattice时，受Lattice影响的基础变形物体会恢复到原始状态，随之所有的变形都会消失。如果想清除Lattice却要保持物体的变形状态，需要选中基础变形物体，执行菜单Edit［编辑］→Delete by Type［按类型删除］→History［历史记录］。

2.4 Wrap

Wrap［包裹变形］可以使用一个物体的变形控制另一个物体的变形。

NURBS表面、NURBS曲线或Polygon表面、Lattice都可以受控于Warp。

Wrap与Lattice在变形功能上有些类似：它们都可以包裹住基础变形物体产生变形，变形的方式都是用少量的点控制物体表面上的多数点来影响基础变形物体，如图2.12所示。

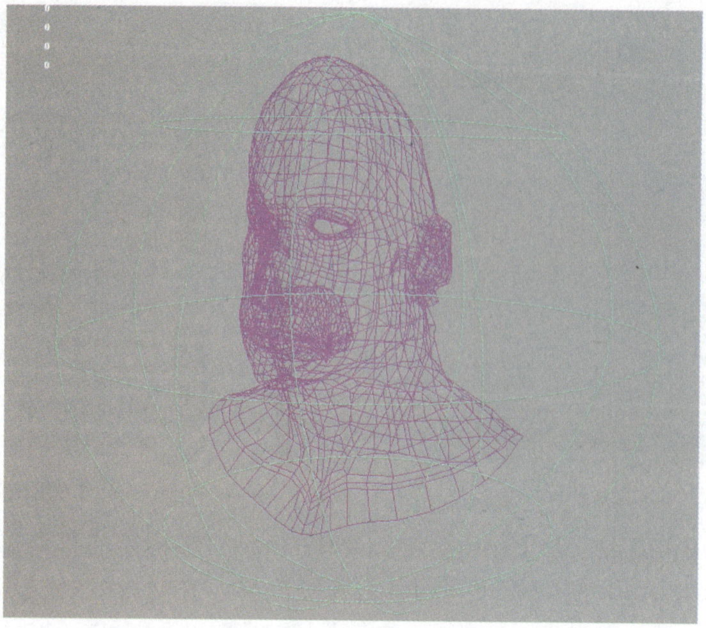

图2.12　Warp变形器

差别在于：Lattice必须包裹住基础变形物体才能产生变形，而Wrap可以产生非包裹的形态，在场景的任何位置控制基础变形物体，如图2.13所示。

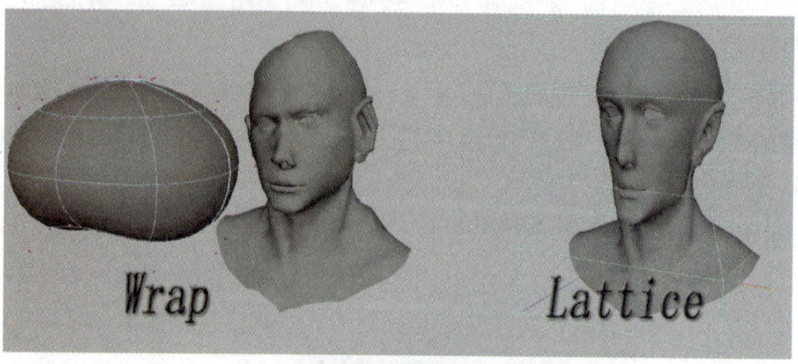

图2.13　Warp和Lattice

Wrap包括的两类物体名称上和Lattice也有差别。Wrap包括了Influence［影响物］和Surface［表面］，相当于2.1 Blend Shape［融合变形］中的Target［目标变形体］和Base Shape［基础变形物体］。意义相当于变形物体和被变形物体。Influence所在的位置、方向或形状上的差别决定了Surface的变形形状。

Wrap的Influence primary visibility选项（在Attribute Editor面板的Render Stats选项卡）在Maya默认是处于关闭状态的，Influence渲染时不可见。

2.5　Cluster

Cluster［簇变形］在控制物体局部变形方面具有良好的效果，与其他Deformer结合使用能够做出非常丰富的变形效果。

2.5.1　Cluster的应用

Cluster可以看做是一组Point［点］的集合。

选择一组Point或者一个物体，执行菜单Create Deformers→Cluster就可以创建一个Cluster变形器。Cluster在场景中以“C”形状的手柄显示，“C”是Cluster的缩写。

Cluster的创建对象包括Polygon物体的表面和Vertex［顶点］元素、NURBS物体的表面和Control Vertex［控制点］以及Lattice物体和Lattice Point这些所包含Point元素的物体。

在角色头部模型上选择一组Vertex，执行菜单Create Deformers→Cluster，创建一个Cluster。选择Cluster可以进行位移、旋转或缩放，Cluster所包含的Vertex会做出相应的整体变换，如图2.14所示。

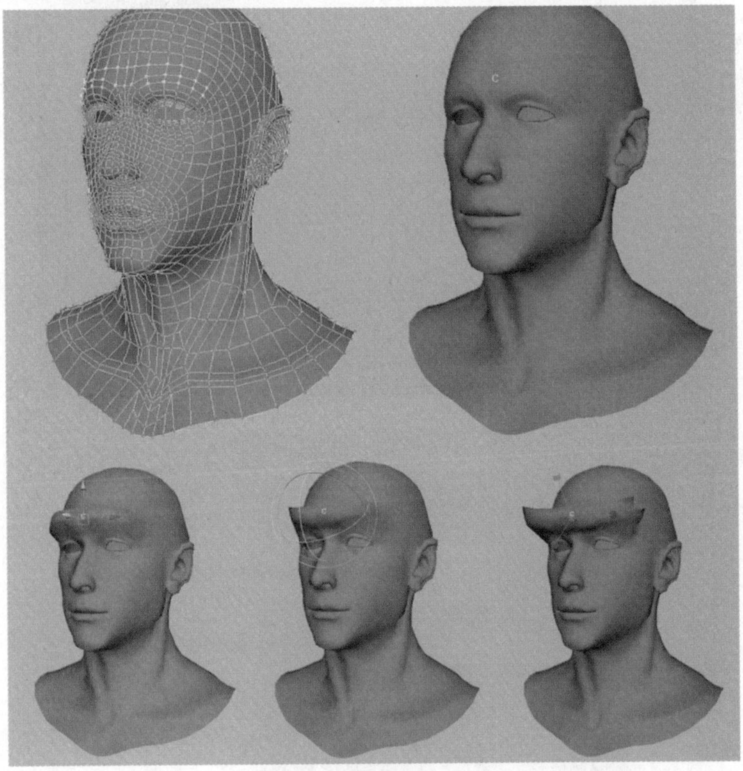

图2.14 Cluster的创建

2.5.2 修改Cluster

修改Cluster［簇变形］的成员可以使用Edit Membership Tool［编辑成员工具］。

选择Cluster变形器，执行菜单Edit Deformers→Shift→Edit Membership Tool，当前Cluster变形器所包含的Vertex呈黄色显示，以紫色显示的Vertex是当前Cluster不含的Vertex。

按住键盘Shift键，鼠标左键点选紫色Vertex可以加选Cluster成员；按住键盘Ctrl键，鼠标左键点选黄色Vertex可以减选当前Cluster成员。

2.5.3 修改Cluster的权重

“权重”可以简单地理解为所控制区域内的影响力或强度。很多控制器都可以编辑它们对应的权重。在Cluster同样可以编辑权重。

选择变形物体，执行菜单Edit Deformers→Paint Cluster Weights Tool［簇权重绘制工具］，如图2.15所示。图中白色的区域代表完全受该Cluster控制，黑色区域代表完全不受该Cluster控制，灰色区域表示受控制区域和不受控制区域的平滑过渡。

图2.16为Paint Cluster Weights Tool的属性栏，根据图中所列举的属性可以更加准确的使用Paint Cluster Weights Tool修改、编辑Cluster的权重。

需要注意的是：在“权重值”栏上，“0”为完全不控制，即在变形物体上绘制的是黑色；“1”为完全控制，在变形物体上绘制为白色。选择“编辑方式”栏的Smooth方式可以绘制灰色的过渡区域。

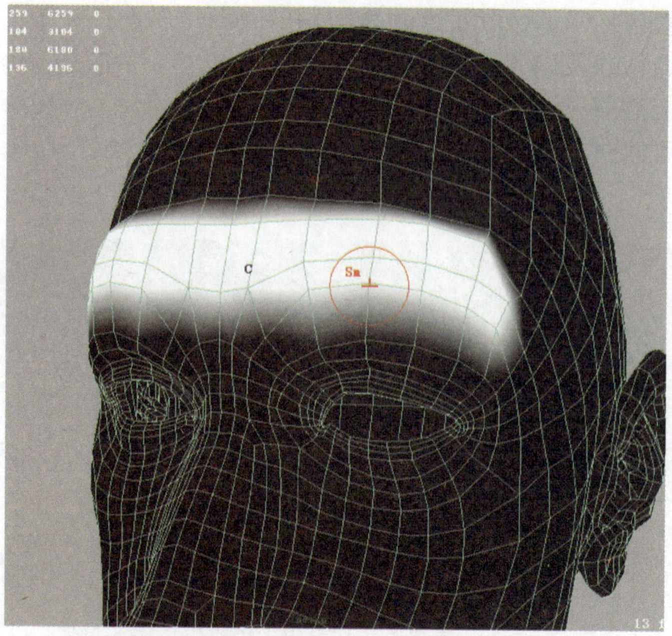

图2.15　修改Cluster的权重

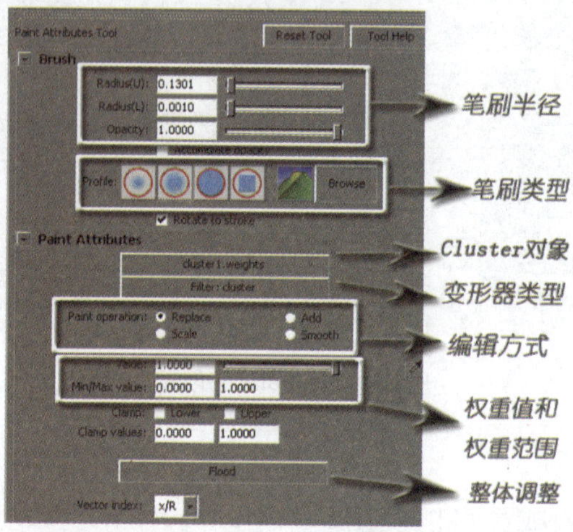

图2.16　Paint Cluster Weights Tool.JPG

2.6　Soft Modification［软修改］

Soft Modification为被变形物体提供了平滑拉伸的过渡变形，变形效果近似于Soft Selection［软选择］，如图2.17所示。

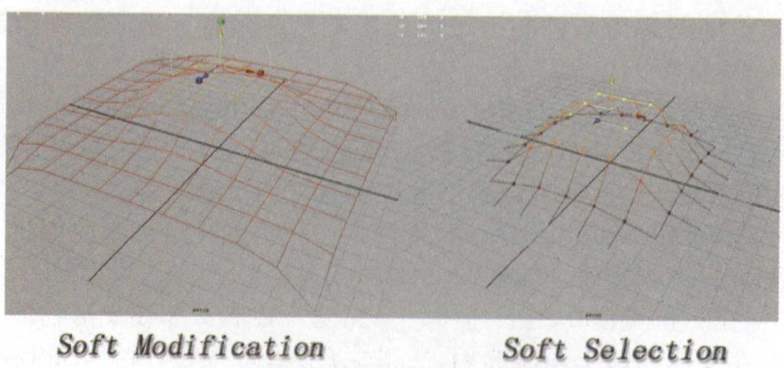

图2.17　Soft Modification和Soft Selection

2.6.1 Soft Modification变形器的应用

选择需要变形的物体或Vertex、Edge、Face元素，执行菜单Create Deformers→Soft Modification。在所选区域上方会多出一个“S”型的手柄，这是Soft Modification的控制手柄，“S”是“Soft Modification”的缩写。拖动“S”手柄可以出现软性拉伸的变形。

2.6.2 Soft Modification变形器衰减曲线的调整

执行菜单Create Deformers→Soft Modification，展开Soft Modification的属性栏，通过调整Falloff Curve［衰减曲线］可以控制Soft Modification从变形中心向周围的过渡，如图2.18所示。

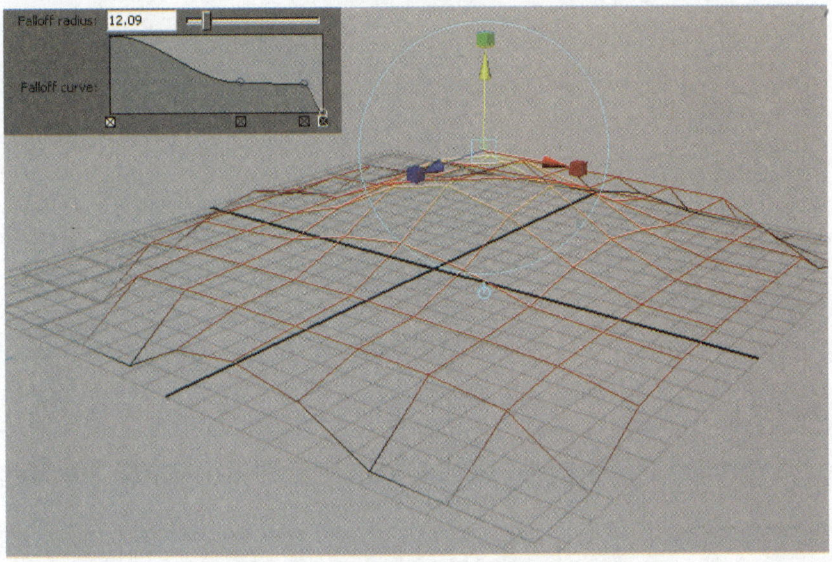

图2.18　Soft Modification衰减的曲线调整

在曲线区域空白处单击鼠标左键可以添加衰减点，鼠标左键拖动衰减点可改变曲线的平滑度；点击衰减点下方相对应的“叉号”可以删除衰减点。

2.7 Nonlinear［非线性变形］

Nonlinear包括了六种变形器，分别以不同的方式变形：Bend［弯曲］，Flare［扩张］，Sine［正弦］，Squash［挤压］，Twist［螺旋］和Wave［波形］。创建方式仍然是先选择需要变形的物体，再创建Nonlinear变形器。受变形对象可以是Polygon或者NURBS物体，也可以是它们局部的点元素。

使用Nonlinear所产生的变形器与其他的几种变形器在操作方式上有所不同，Nonlinear变形器需要使用Show Manipulator Tool［显示操纵工具］来控制变形。

菜单Modify［修改］→Transformation Tools［变换工具］→Show Manipulator Tool。键盘快捷键为“t”。

2.7.1 Bend［弯曲］

Bend变形器可以产生弯曲的变形。

创建一个物体，要确保该物体具备足够的细分段数，执行菜单Create Deformers→Nonlinear→Bend，如图2.19所示。

选择Bend，按键盘快捷键T打开Show Manipulator Tool，进入Bend编辑状态。Bend共有三个控制手柄，中间的手柄用于控制弯曲的程度，两端的控制手柄用于调节弯曲的限度。

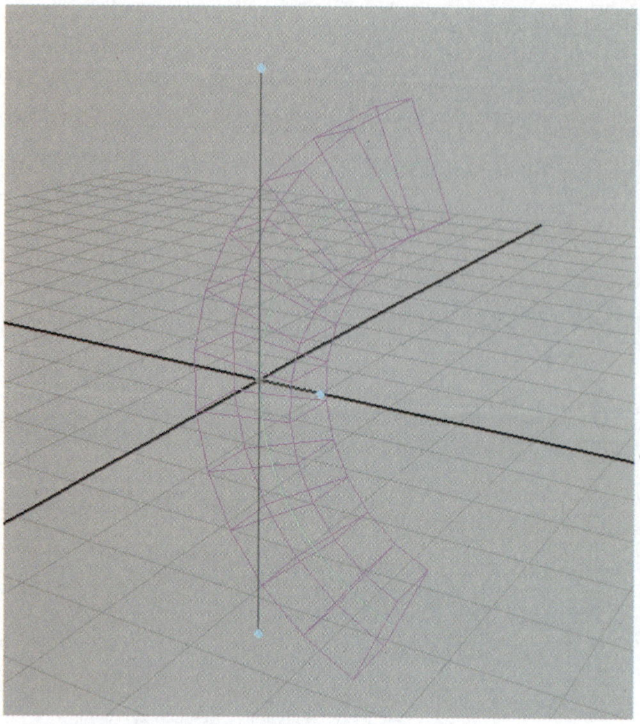

图2.19 Bend

2.7.2 Flare［扩张］

Flare变形器可沿两个轴向不等比地扩张或缩放被变形物体，如图2.20所示。

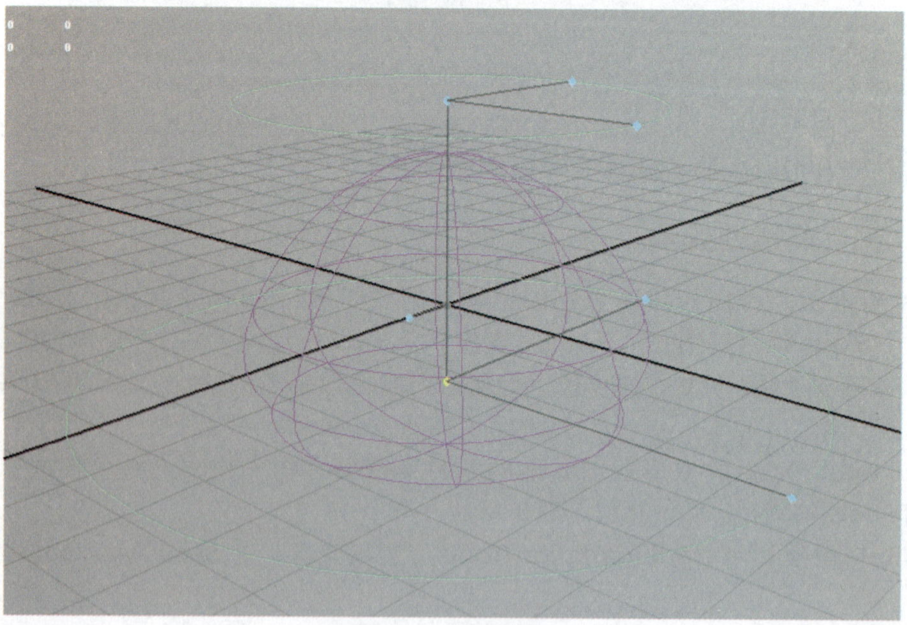

图2.20 Flare.JPG

Flare变形器的控制手柄较多，上中下三方手柄分别用于控制各自的扩张状态和扩张的限度。

2.7.3 Sine［正弦］

Sine变形器所产生的变形类似于正弦曲线的形状，如图2.21所示。

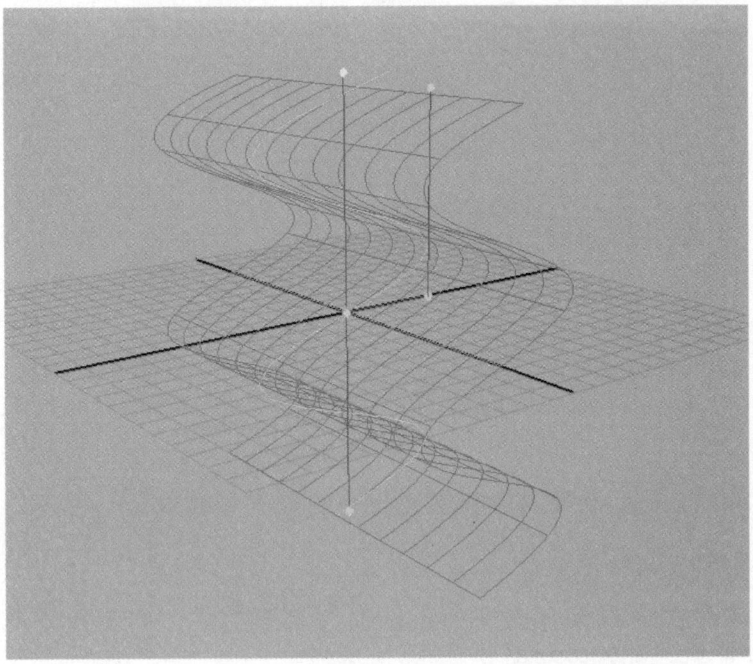

图2.21　Sine

Sine变形器手柄可以调整被变形物体的正弦曲线频率以及延伸范围。

2.7.4　Squash［挤压］

Squash变形器可以挤压或拉伸被变形物体，如图2.22所示。

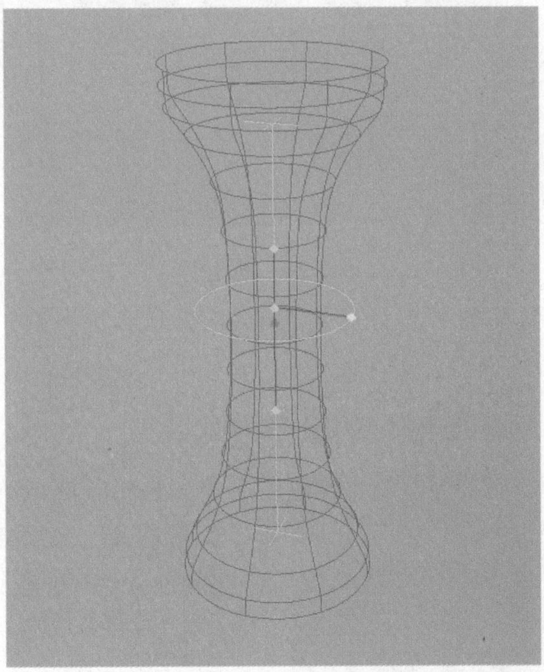

图2.22　Squash

Squash变形器所产生的挤压变形控制物体的拉伸，如果从中间的控制手柄向中间做缩小变形，物体的两端则受中间压力的影响会向两侧伸缩，这遵循了物理学的性质。

2.7.5　Twist［螺旋］

Twist变形器可以扭曲旋转被变形物，使其变为螺旋形态，如图2.23所示。

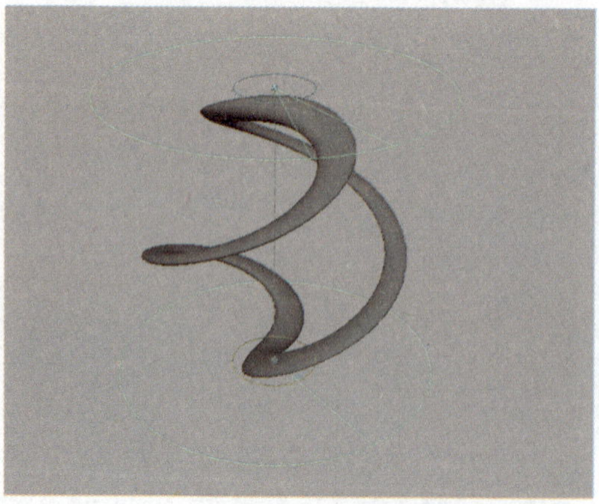

图2.23　Twist

Twist变形器两端的控制手柄可以控制螺旋扭曲的程度和高度。

2.7.6　Wave［波形］

Wave变形器的变性原理是使用圆形的正弦曲线变形物体，并使物体产生波动的效果。操作方式类似于Sine变形器，如图2.24所示。

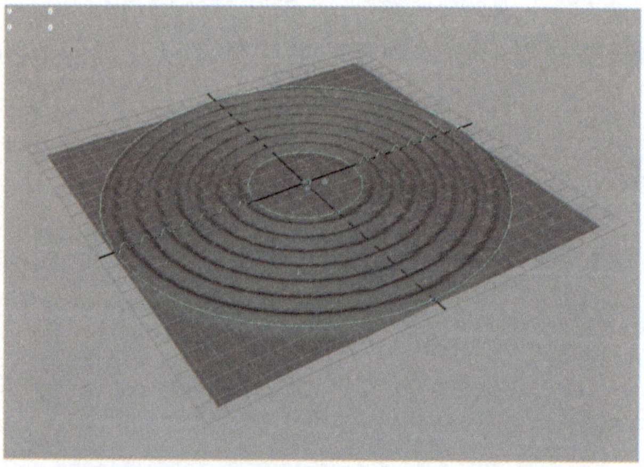

图2.24　Wave

使用Wave变形器的控制手柄可以调整变形器中波形形状发射的内半径、外半径、振幅、波长、偏移和衰减。

2.8　Sculpt Deformer［雕刻变形］的变形方式

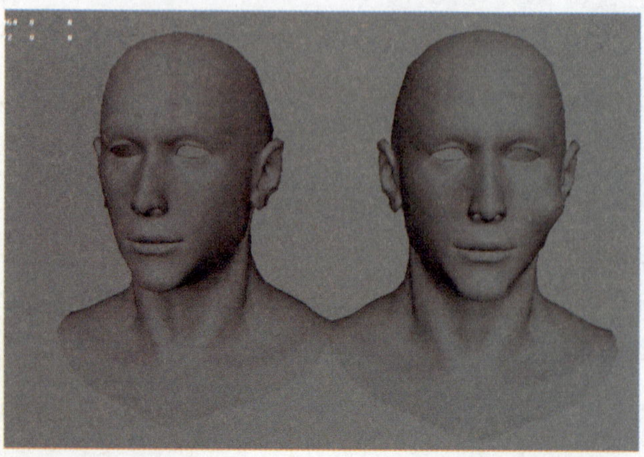

图2.25　Sculp Deformer的变形

Sculp Deformer可以产生一系列的球形变形效果。在面部表情动画中，使用Sculp Deformer能够作出局部细微的动作，例如，面部肌肉的变形，眉毛的抬起等，如图2.25所示。

Sculp Deformer使用一个自带的造型球来影响被变形的物体，对造型球进行变换操作会使被变形物体产生相应的变形。

Sculp Deformer共分为三种变形方式：Flip［翻转］、Project［投射］和Stretch［拉伸］。

2.8.1 Flip［翻转］

Flip模式在造型球中心产生一个Locator［虚拟体］，Locator是产生雕刻变形的中心，当造型球通过被变形物体的表面时，变形区会沿造型球自动翻转到另外一侧，造型球也可以穿越被变形物体的表面。

2.8.2 Project［投射］

Project［投射］模式将被变形物体投射到造型球的表面，Sculp Deformer属性中的Dropoff Distance［衰减距离］决定了投射的范围。造型球可以穿越被变形物体的表面。

2.8.3 Stretch［拉伸］

Stretch与前面两个模式最大区别在于，造型球始终作用于被变形物体的表面而不能穿越。可以使用造型球和Locator共同控制雕刻变形的中心以及形状。

2.9 Jiggle Deformer［抖动变形］

Jiggle Deformer可以应用在物体运动过程中发生变化的时候。例如，小球落地、弹起时的动画。

创建一个Polygon的Sphere，做一个24帧的落地弹起动画，调整Graph Editor中的运动曲线至满意状态。选择带有关键帧的Sphere，执行菜单Create Deformers→Jiggle Deformer，就可以看到小球在运动时产生了抖动的变形。

Jiggle Deformer的初始设置可能不会带来满意的抖动效果。Create Deformers→Jiggle Deformer→❐展开属性设置，调节Jiggle Deformer至正确的变形。下面介绍Jiggle Deformer的各个属性。

2.9.1 Stiffness［硬度］

用于设置抖动时的硬度。该参数在0~1的范围内取值，接近于1时弹性减小，伴随抖动速度增加；接近于0时弹性增加，抖动速度减小。

2.9.2 Damping［阻尼］

用于设置抖动发生时的阻力，该参数在0~1的范围内取值。接近于1时减弱抖动；接近于0时会增大抖动。

2.9.3 Weight［权重］

用于控制整体的抖动程度。

2.9.4 Jiggle Only When Object Stop［仅在静止时抖动］

勾选该选项时，抖动动画仅发生在物体的停止状态，而在物体运动时则不发生抖动变形。

2.9.5 Ignore Transform［忽略变换］

勾选该选项时，抖动变形仅会影响到Jiggle Deformer作用下的元素（例如，点、线、面等），而对于整个物体的运动不会响应。

例如，制作一个角色先抬头再眨眼的动画。先制作出头部从低处向高处抬起的关键帧动画，再为眼部的一组Vertex制作眨眼的关键帧动画，并为这组Vertex加入Jiggle Deformer。播放动画时，头部抬起的过程不会发生抖动，而在眨眼的时候才会发生抖动。

可以简单地理解为抖动只发生在局部运动中，而不发生在整体运动中。

2.10　Wire Tool［线变形］

Wire Tool的变形方式是使用一条或多条曲线来变形物体。Wire Tool产生的变形效果，如图2.26所示。

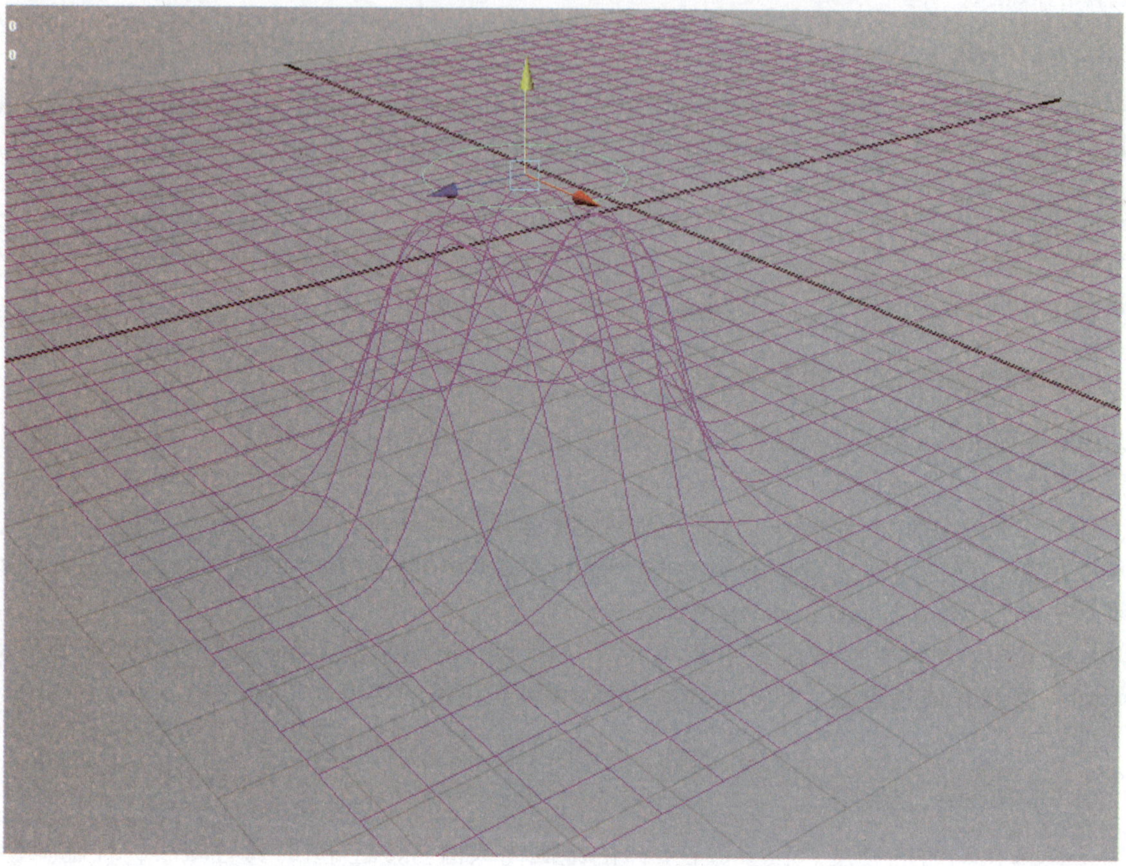

图2.26　Wire变形效果

Wire Tool共分为两种方式：基本Wire变形和带有限制线的Wire变形。

2.10.1　Wire Tool基本变形应用

首先创建一个NURBS的Plane，在Patches U和Patches V增加较多的细分段数，确保变形的正确性。再使用CV Curve Tool或者EP Curve Tool绘制一条曲线段。

调整曲线段到Plane需要变形的位置，执行菜单Create Deformers→Wire Tool，这时鼠标会自动变成“+”形状，表明正在应用Wire Tool。首先左键选择变形对象（NURBS Plane）并按Enter确认；再用鼠标左键选择曲线段并按Enter确认。

拖动曲线段时，NURBS Plane与曲线重合的地方会受曲线的影响产生变形。如果要选择多条曲线产生影响，则需要按住键盘Shift键加选。

2.10.2　Wire Tool加入限制线变形应用

创建一个NURBS的Plane，在Patches U和Patches V增加较多的细分段数，再绘制一条曲线段和一个NURBS的Circle。

Wire加入限制线的变形1，调制三者的位置，如图2.27所示。

在Wire Tool的Tool Settings中勾选Holders［保持］，开启限制线状态，如图2.28所示。

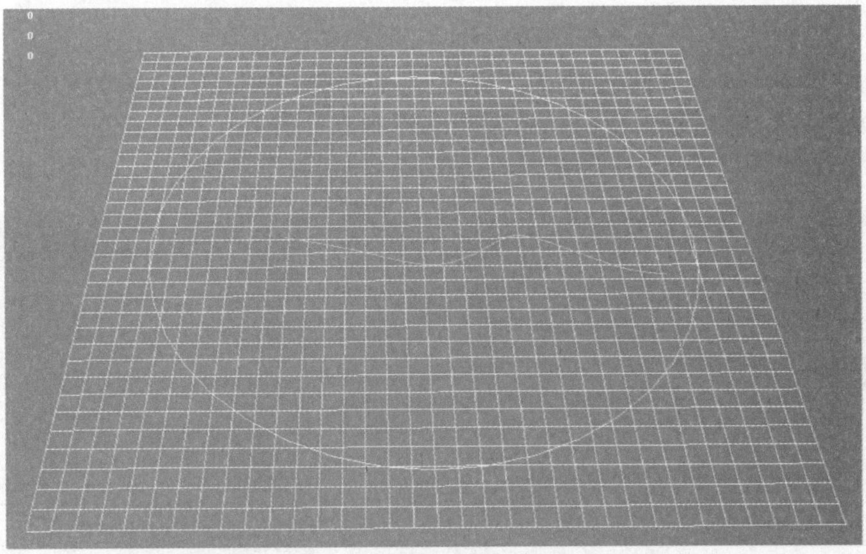

图2.27　Wire加入限制线的变形1

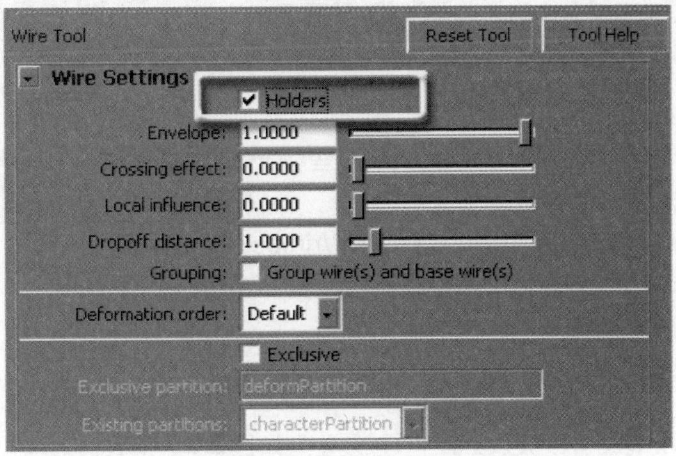

图2.28　Wire Tool Settings

选择NURBS Plane并按回车确认变形对象，选择曲线并按回车确认影响线，选择NURBS Circle并按回车确认影响线，最后在场景中空选并按回车确认线变形完成。

拖动曲线段位移时会发现：曲线段对NURBS Plane的影响始终被限制在NURBS Circle内，这就是加入了限制线的Wire变形效果，如图2.29所示。

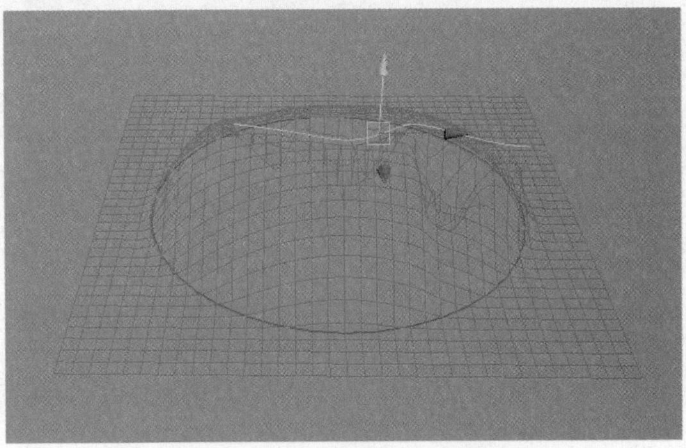

图2.29　Wire加入限制线的变形2

2.11 Wrinkle［褶皱变形］

Wrinkle集合了Cluster和Wire的优点。每个Wrinkle都包括一个Cluster和一个或多个Wire，Wrinkle在处理脸部模型的褶皱或布料类模型的动画都非常有效。

Wrinkle变形效果1和Wrinkle变形效果2，如图2.30和图2.31所示。

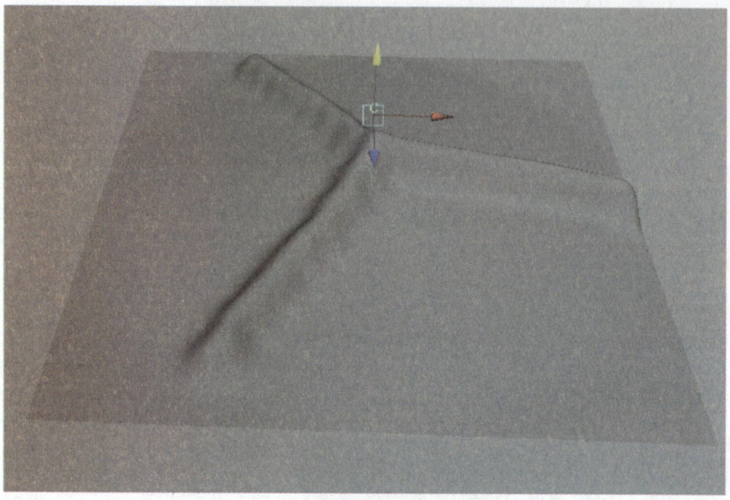

图2.30　Wrinkle变形效果1

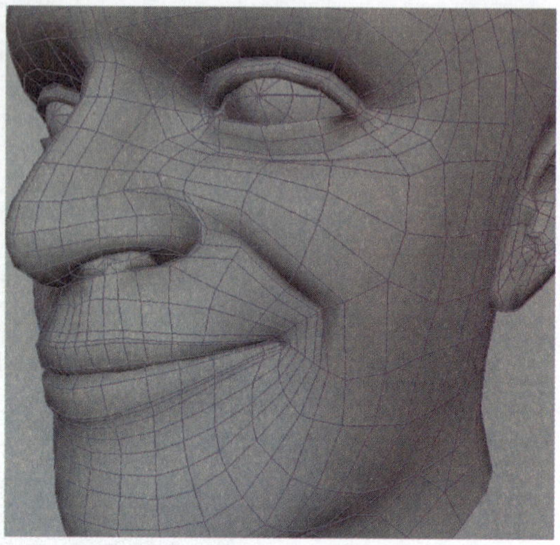

图2.31　Wrinkle变形效果2

在Outline窗口中，可以看到Wrinkle作为一些列子级影响线受控于父级Cluster，如图2.32所示。

Create Deformers→Wrinkle Tool→❐，在Wrinkle Tool的属性栏中可以找到Wrinkle，它共分为三种变形类型：Tangential［平行］、Radial［辐射］和Custom［自定义］。

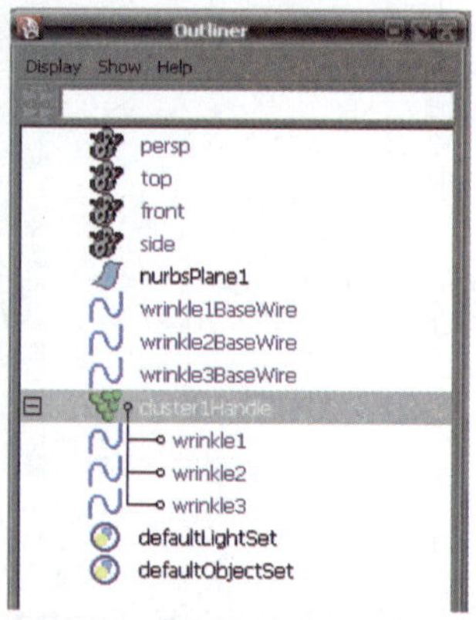

图2.32　Outline中的Wrinkle.jpg

2.11.1 Tangential

Tangential类型将所有影响线近似于平行放置，如图2.33所示。

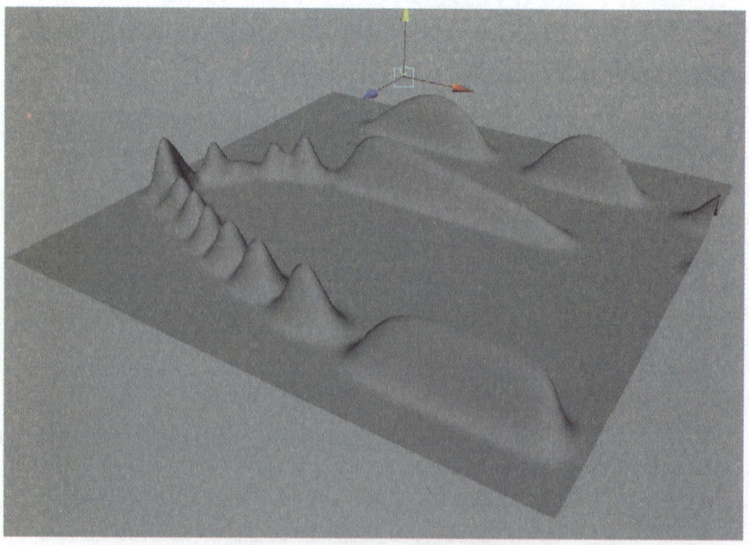

图2.33　Wrinkle的Tangential

2.11.2 Radial

Radial类型的变形效果是从一个中心点向周围发散延伸，如图2.34所示。

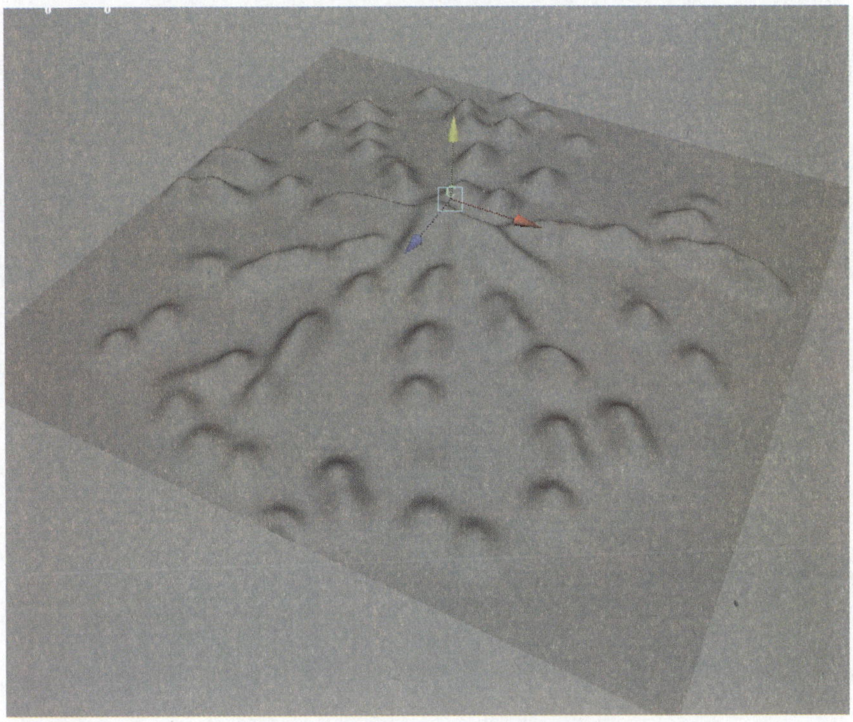

图2.34 Wrinkle的Radial类型

2.11.3 Custom

Custom类型的使用方法同Wire。Custom类型的变形可以应用在NURBS物体表面、Polygon物体表面和Lattice Point，较为灵活，如图2.35所示。

图2.35 Wrinkle的Custom类型

本章小结

本章讲解了变形器的使用方法。变形器的种类繁多，能够创建出多种多样的物体形变，变形器的变形原理都是基于改变模型本身元素的变化的，这对变形本身的设置有不同的要求。

任务分析

变形器作用于模型之上，对于复杂的模型要清楚它的构造才能做出合理、正确的变形。

复习思考题

熟练掌握每种变形器的使用，对每种变形器都作出一种变形效果。

第3章 Skeleton［骨骼］

本章进入到Skeleton菜单的熟悉阶段。

Skeleton是使模型产生运动的基本工具，是有层次的关节结构，可定位和动画可变形物体。

在现实生活中，人体的外形是由肌肉组织、皮肤组织和骨骼来决定的，骨骼的功能就是支撑躯体。骨骼本身并不会产生运动变化，动作的产生是由肌肉带动骨骼来完成的。

但是在三维数字软件中，皮肤和肌肉合成了一个概念：那就是模型。并且，运动的原理相对于显示世界也倒置了：能够控制角色模型产生动画是Skeleton——强大的骨骼系统。Skeleton能够带动角色模型表现出各种各样的动作，从而连续成为动画。

【学习目标】

本章的内容以理论为主，主要学习Maya中创建与修改骨骼的一系列工具。在概念上需要理解骨骼和关节的从属关系。熟练运用所有的与骨骼相关的工具，并加强人体骨骼的艺术理解。

3.1 了解Skeleton

骨骼是角色动画的基础。图3.1是Maya Visor面板下软件本身自带的一套骨骼，是标准的角色骨骼系统。

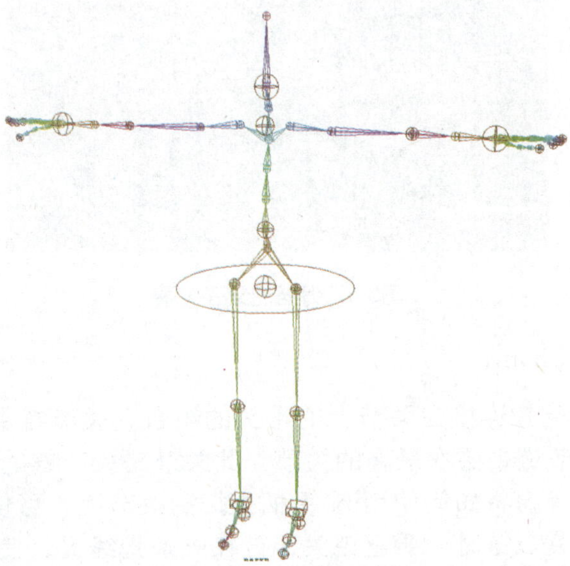

图3.1 默认骨骼系统1

Skeleton［骨骼］可以帮助角色完成各种各样的动作，如图3.2、图3.3和图3.4所示。

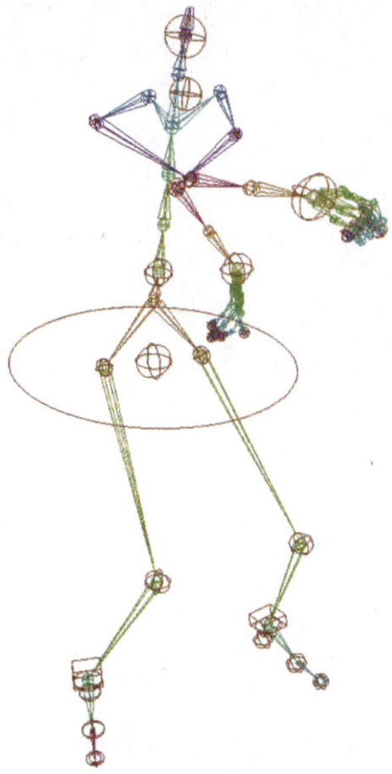

图3.2　默认骨骼系统2

图3.3　默认骨骼系统3

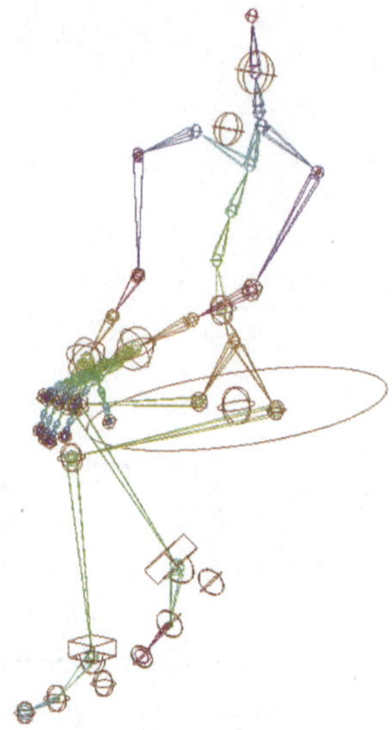

图3.4　默认骨骼系统4

骨骼结构包括了关节、骨头、关节链、肢体链和层次组织，可动画和定位已被蒙皮的可变形物体，提供了动画层次动作的结构。

一旦建立了骨骼，可使用平滑蒙皮或刚性蒙皮为角色建立蒙皮。另外可以使用约束［Constrain］、打组［Group］或者建立父子关系［Parent］等命令建立物体与骨骼的运动关系从而达到使用骨骼来控制物体运动的目的。

在整个构建完成的一副骨架中，每个骨节之间都是带有父子关系的，即：有父级关节和子级关节，如图3.5所示。

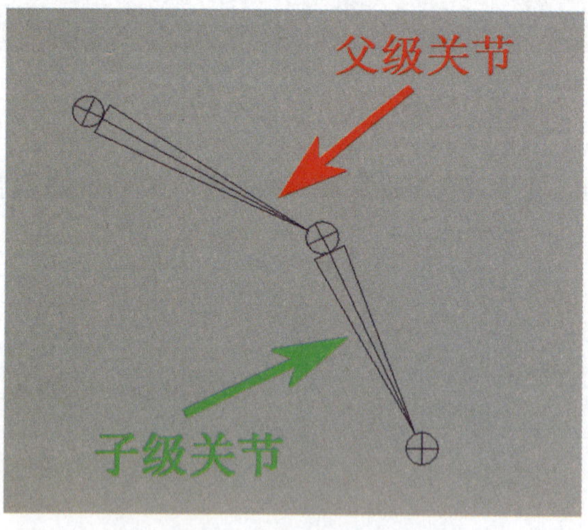

图3.5　骨骼的父子关系

3.1.1　关节链［Joint Chain］

关节链是一系列关节及其连接在关节上的骨头的组合。关节链中的关节是线性连接的。关节链的起始关节是整个关节链中层次最高的关节，此关节是关节链的根关节［Root Joint］。当为角色创建关节链时，应考虑将如何使用IK 手柄去控制关节链。可使用IK手柄控制具有少量关节数目的关节链。当创建关节链时，要避免关节链在一条直线上。使用IK 手柄在适当的角度稍微旋转关节就可以很容易的控制关节旋转的方向，如图3.6所示。

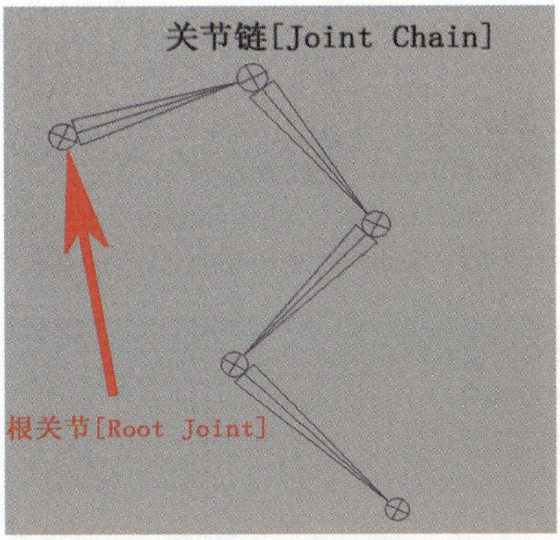

图3.6 Root Joint

3.1.2 肢体链

肢体链是一个或多个相互连接的关节链的组合。肢体是一种树状结构，其中的骨关节并不是线性连接。肢体链一般是从关节链中层次最高的关节开始的，此关节是肢体链的根关节。在创建带有对称性肢体链的关节时，要在场景的全局坐标原点开始创建［工作空间的中部］，因为这样便于创建带有对称部分的关节，如图3.7所示。

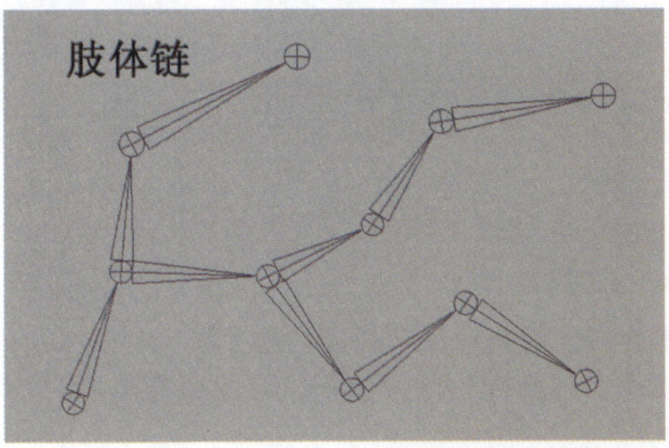

图3.7 肢体链

3.1.3 骨骼层级［Skeleton Hierarchy］

骨骼层级是关节链中按父子关系前后顺序排列的层级关系。根关节是骨骼中层次最高的关节。骨骼中只能有一个根关节。父关节可以是骨骼中任意的关节，只要其下有可以被其影响的关节即可。位于父关节之下的关节称为子关节，如图3.8所示。

在图3.8中，joint 1是根关节。

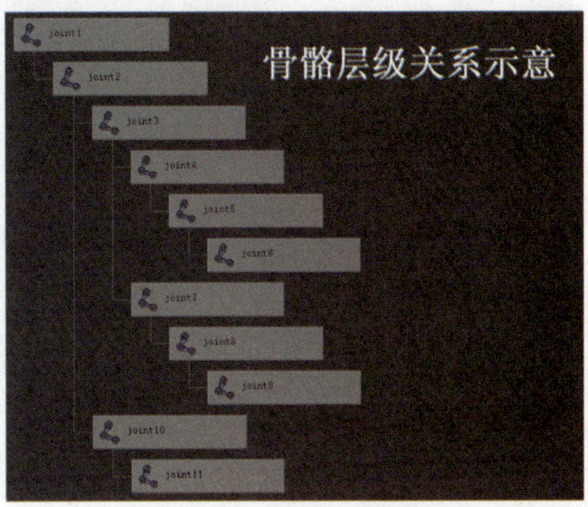

图3. 8 骨骼层级关系

3.2 基本工具

3.2.1 Joint Tool［关节工具］

Joint Tool 是创建骨骼的基本工具。在视图的任意位置点击鼠标左键即可生成一个Joint（关节），两个Joint便可组成一套Skeleton。构成Skeleton的一个元素共有两个，Joint仅是其中的一个，另外的一个元素是Bone。Joint和Bone的关系，如图3.9所示。

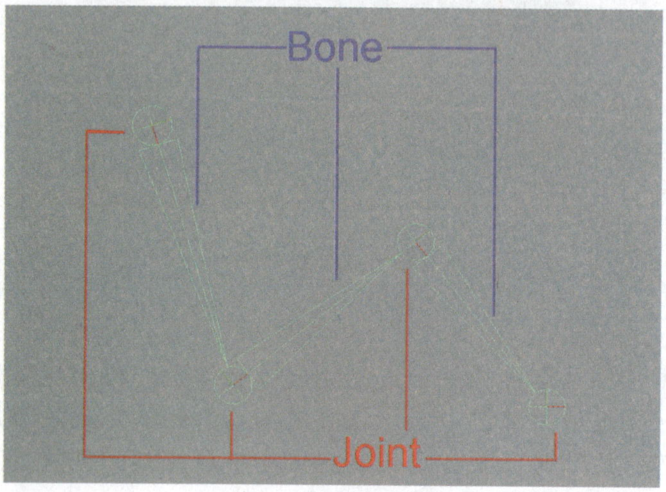

图3.9 Joint和Bone

下面将两个元素具体定义：Joint具体指的是骨骼系统中的关节点；Bone的中文意思特指“骨头”，在Maya骨骼系统中具体指连接两个Joint的部分。

Joint Tool工具的属性分析：打开菜单Skeleton_Joint Tool，展开Joint Tool的Tool Setting（工具设置）

Joint Setting［关节设置］包括以下两步。

1．Degrees of freedom［关节自由度］

关节的运动基本都是旋转，因此对关节的旋转控制要通过更加高级的设置。同其他的模型物体一样：旋转关节可以用世界坐标和自身坐标，它的自身坐标（xyz）记录在“Joint”的骨节点上。

控制关节工具的旋转范围，被勾选的选项代表可以在该轴范围内旋转，反之则不可旋转。

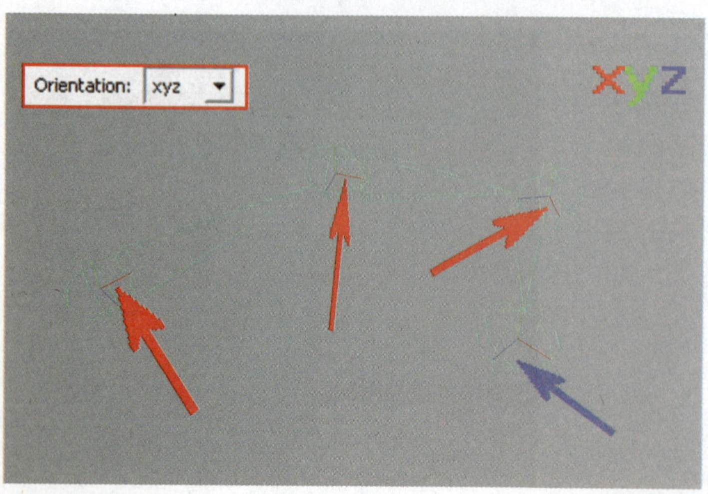

图3.10 Orientation

（1）Orientation［骨骼方向］

用于设置关节的方向轴，表示骨骼下一个关节的指引方向。例如，默认的xyz代表有关节连接时，第一个参数x永远指向下一个关节；而末端关节处的指向轴是第三个参数z。如果选择None，那么创建关节坐标轴的方向和世界坐标轴的方向一致。

如图3.10所示：红色箭头代表x轴，下一段关节的指引方向；蓝色箭头代表z轴，末端关节的指引方向。

（2）Second Axis World Orientation［第二坐标世界方向］

用来设置骨骼方向的第二个轴向，这个选项弥补了Orientation［关节方向］的设置。Orientation确定了第一个和第三个坐标轴的方向，Second Axis World Orientation可以帮助设置第二坐标的朝向。默认值“+y”表示第二轴向为正方向的y轴，如果是“-y”则表示第二轴向为负方向的y轴。Orientation为yzx时，Second Axis World Orientation设置为+x和-x的区别，如图3.11所示。

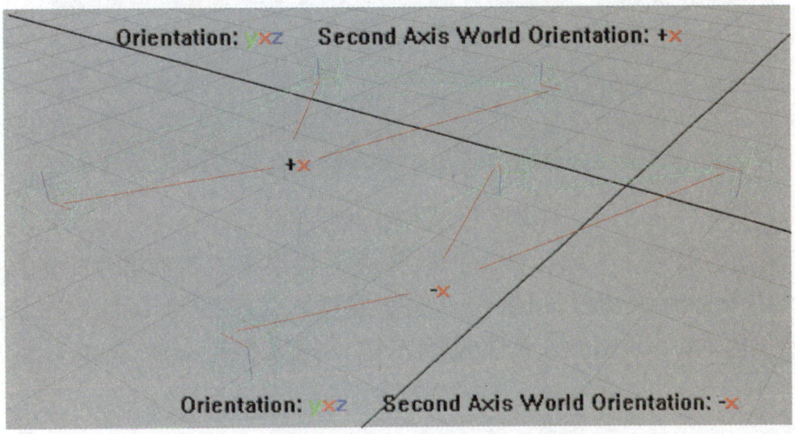

图3.11　Second Axis World Orientation

（3）Scale Compensate［缩放补偿］

当缩放层次高的关节时，设置其下层次的关节是否被缩放（注意在缩放关节时，可改变骨骼中关节的大小）。如果将Scale Compensate 打开，下层次关节将受父关节缩放的影响。当蒙皮人物后，沿关节一个轴或两个轴缩放时，打开此项，可防止折断效果的出现。另外，打开此项，改变单个关节的长度将更加容易。系统默认设置为打开状态。

当缩放骨骼父关节时，如果勾选Scale Compensate，那么子关节不受父关节的缩放影响；勾掉其选项，子关节将受父关节的缩放影响。

（4）Auto Joint Limits［自动关节限制］

设置“限制关节所旋转的度数”，这个参数用于自动限制关节旋转的范围。Auto Joint Limits打开时，关节的内角可在设置的允许范围内旋转180 度。例如，在创建膝关节时，如果关节稍微向后弯曲，那么该关节则不能在上腿部自动前后或者左右摆动。该关节不能使用任意方式进行旋转，除非其内角旋转180 度。不过注意，这不会改变关节的Degrees of Freedom 设置。

（5）Create IK Handle［创建反向动力学手柄］

当创建一个关节链时，设置Maya 创建一个IK Handle。这个选项直接影响下一部分IK Handle Setting［反向动力学手柄设置］的显示，对于IK这个概念以及工具的使用会在第4小节详细的讲解。

2．Bone Radius Settings［骨骼半径设置］

Short Bone Length［短骨长度］。

Short Bone Radius［短骨半径］。

Long Bone Length［长骨长度］。

Long Bone Radius［长骨半径］。

3.2.2　Insert Joint Tool［插入关节工具］

如果在建立骨骼中，关节数不够或需要增加骨骼时，可以在任何层级的关节下插入关节。插入后的效果如图3.12所示。

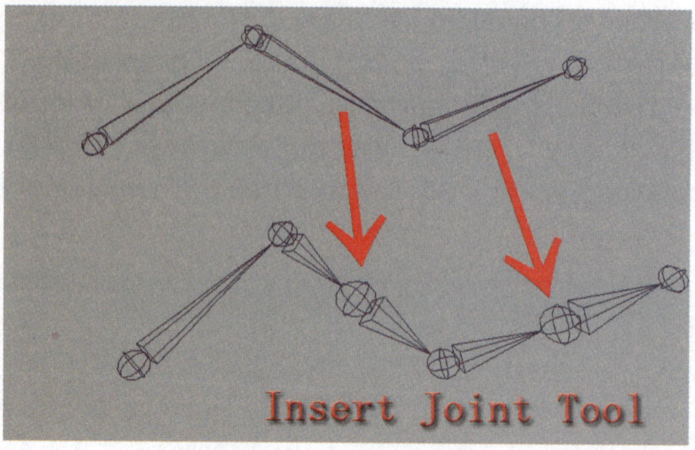

图3.12 Insert Joint Tool

注意：插入关节应在添加Ik手柄和蒙皮之前完成。如果插入带有IK手柄的关节要重做IK手柄。

选择Skeleton → Insert Joint Tool命令，在需要插入关节的骨节点上，点击鼠标左键选择要插入关节的根关节［Root Joint］，点住鼠标左键，拖动指针到要添加关节的地方，按键盘的Enter键完成插入。

3.2.3 Reroot Skeleton［重设跟关节］

Reroot Skeleton命令可以通过将所选择的骨节点设置成根关节，从而改变骨骼的层级关系。选择需要重设的一个关节，在菜单下执行Skeleton→Reroot Skeleton。

3.2.4 Remove Joint［去除关节］

除根关节外，可以去除任何一个关节。选择要去除的关节，执行Skeleton→Remove Joint Tool命令即可去除该关节。需要注意的是：执行每次命令时只能去除一个关节。去除选中关节后不会影响它在该关节链中父关节和子关节的位置。

3.2.5 Disconnect Joint［打断关节连接］

Disconnect Joint命令可以断开除根关节外任何的关节和关节链，将一段骨骼分为两段骨骼。

在使用时需要注意:如果断开带有IK Handle［反向动力学手柄］的关节链时，IK Handle［反向动力学手柄］将被删除。

3.2.6 Connect Joint［连接关节］

Connect Joint［连接关节］命令通过将关节或骨骼链连接关节来合并成一个骨骼。打开菜单：Skeleton → Connect Joint Tool→❐，展开Connect Joint Options［连接关节属性盒］可以看到Connect Joint［连接关节］的Mode［模式］分为两种，Connect Joint和Parent Joint。

1．Connect Joint。Connect Joint模式在操作上需要注意选择的先后顺序：先选一段关节链的根关节，按Shift加选另一段关节链中除根关节以外的任何关节，执行菜单Skeleton→Connect Joint Tool。

如果先选的是一段关节链中除根关节以外的任何关节，最后选另一段关节链的根关节再执行Connect Joint命令时就会出错。这个原理和Parent一样：一个子级物体只能拥有一个父级物体，但是一个父级物体可以有多个子级物体。在关节链中，一个子关节只能拥有一个父关节，但是一个父关节可以拥有若干个子关节。所以在使用该命令时需要注意。

2．单击要成为其他骨骼肢体链的一个关节的根关节。

3．按住Shift键，在另一个骨骼中选择根关节以外的任何一个关节。

4．选择Skeleton→Connect Joint Tool命令；打开Connect Joint Options视窗。

5．选择Connect Joint模式，单击Connect。

6．Parent Joint ［父子化关节］模式的自由性较强，除了有连接关节的作用外，还可以父子化两个关节链。在选择顺序上和Connect Joint模式略有不同：先选的一定要是一段关节链的根关节，第二个选择可以任意。

（1）单击要成为其他骨骼肢体链一个关节的根关节；

（2）在另一个关节链中，选择父节或根关节以外的任何一个关节；

（3）选择Skeleton→Connect Joint Tool命令；打开Connect Joint Options视窗；

（4）选择Parent Joint模式，单击Connect。

在Parent Joint模式下，被结合与结合关节之间会自动产生一个新的的骨头，骨节点的位置相对不变。

3.2.7 Mirror Joint［镜像关节］

Mirror Joint用于镜像复制肢体骨骼。镜像复制的前提是所制作的骨骼是对称的形态。所镜像的关节、关节属性以及［IK Handle］IK手柄等都会进行镜像复制。

当为一个角色创建骨骼时，镜像关节是非常有用的。例如，建立角色的左手和左臂，然后通过镜像来复制右手和右臂。

1．Mirror Across［镜像平面］选择镜像时的参考平面。

2．选择Mirror Function［镜像功能］的Orientation选项。关节的自身坐标轴同时也被镜像。

若选择Behavior［行为］则只对选择的关节链的位置镜像，不考虑关节的自身坐标轴。

3．单击Mirror或Apply镜像完成。

3.2.8 Orient Joint［关节方向］

Orient Joint工具用于修改骨骼的方向。

当需要修改关节的方向时，使用这个命令将Joint的指引轴向进行调整。例如，Joint在创建时的Orientation为xyz，可以将Orient Joint的Orientation修改为yzx。

3.2.9 Set Preferred Angle［设置优先角］

用于设置一个骨骼的预设旋转角度，对于FK骨骼来说，Set Preferred Angle可以为骨骼存储一个初始角度，便于在以后的操作中使骨骼可以旋转回到之前的角度（使用Assume Preferred Angle）。而对于IK骨骼来说，在创建骨骼时，如果骨骼链处在一条直线上，那么在设定IK后，就产生不了作用。可以通过Set Preferred Angle，使得IK解算器可以自动计算出沿旋转的方向。Set Preferred Angle的使用方式都是作用在骨骼上的。

1．首先在关节处旋转出一个角度，选择骨骼链的跟关节。

2．执行菜单：Skeleton→Set Preferred Angle。

3．再将骨骼还原成原始状态，此时IK通过优先角的设置，可以正确解算出方向。

3.2.10 Assume Preferred Angle［显示优先角］

当不清楚所设定的骨骼的初始旋转角度或者方向时，使用这个命令来显示优先角.

1．选择需要显示优先角的骨骼。

2．选择Skeleton/ Assume Preferred Angle。

3.3 Forward Kinematics［正向动力学］

Forward Kinematics是正向动力学的意思（在有些参考资料中也翻译为“前向运动学或前

向动力学”），在Maya中缩写为FK。

前面3.1的内容已经提到过骨骼系统的搭建都带有父子关系，如果直接使用骨骼系统本身制作动画，需要用上高层关节向低层关节逐步设置动画。这种使用父关节带动子关节的运动被称为“Forward Kinematics”，以下简称为“FK”。

Maya骨骼系统的FK运动（如图3.13所示）都是直接作用于骨骼本身的，FK运动方式都是Rotate［旋转］，即：一般正确的骨骼自身运动只有旋转，除非在某个项目中有特殊要求，否则没有位移和缩放。这是在设置骨骼动画中需要注意的重要问题。

在FK运动中，当定位关节链时，要逐个地旋转每个关节。例如，为了使关节链能够到达空间某个特定的位置，必须逐个地旋转关键链中的每个关节。为完成上述操作，将先旋转关节链的父关节，然后是下一个关节，顺着关节链依次进行。

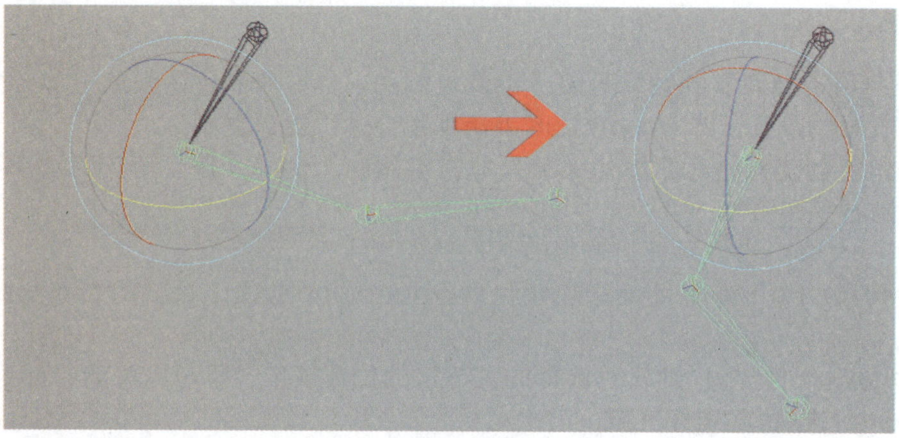

图3.13　FK的运动

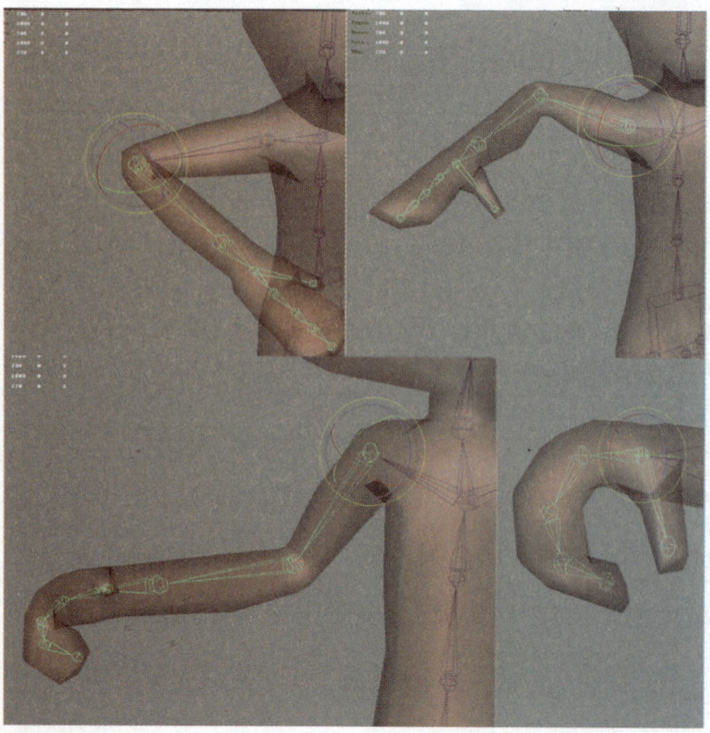

图3.14　角色FK的运动

当使用正向动力学动画骨骼时，Maya 从根关节开始添加关节旋转，然后是根关节的子关节，顺着骨骼的层次依次进行。 当设置细致的圆弧运动时，使用前向动力学定位和动画骨骼是一个理想的方法。但是，如果动画直接目标运动时，前向动力学不如反向动力学控制方便。

例如，在拿东西的时候，是上臂带动肘关节，肘关节带动手腕，手腕带动手这样一种连带关系，做机械装置的运动和细微的圆弧运动时，采用前向动力学的模式可以达到很好的效果。在前向动力学中定位关节链时，直接使用移动和旋转工具对于关节进行操作。

角色动画中FK的运动如图3.14所示。

3.4 Inverse Kinematics［反向动力学］

Maya骨骼的运动包括了两种方式：除了Forward Kinematics，还有Inverse Kinematics。

反向动力学可基于关节链要达到的空间位置来定位关节链，它创建的是一种直接目标运动。与前向动力学不同，反向动力学需要使用特殊的工具去定位和动画，这些工具称为IK手柄和IK解算器。通过使用IK解算器，IK手柄自动的指出关节链中所有关节的旋转方式。

3.4.1 IK的概念

在反向动力学中，可以根据由IK控制的关节链中末端关节要达到的空间位置来反向解算整条关节链中各个关节的空间位置。IK对于创建直接目标运动比FK更加直观，可以集中控制关节链要达到的目标，而不必考虑每个关节如何旋转。反向动力学使用IK手柄和IK解算器进行定位和动画。

与Forward Kinematics相反，Inverse Kinematics的运动是由子级关节的运动带动父级关节的运动，如图3.15所示。

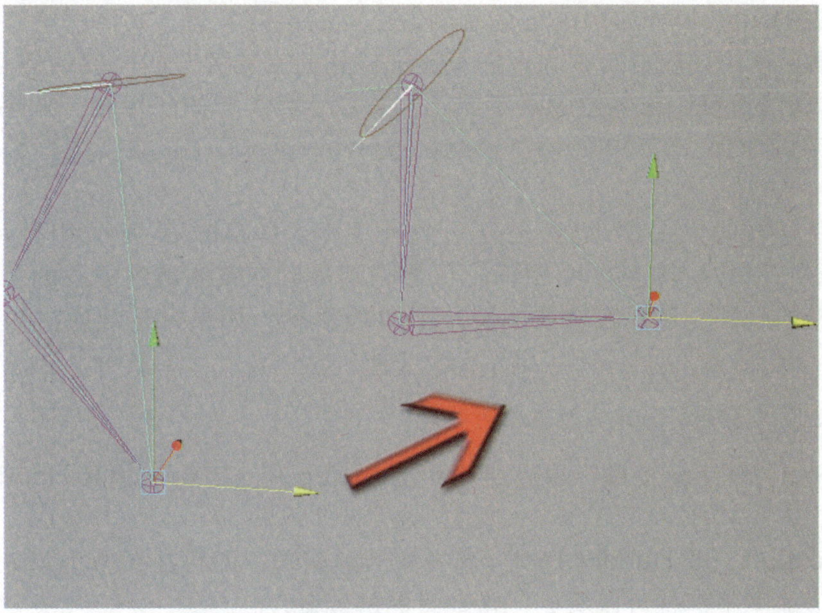

图3.15 IK的运动

在IK的运动过程中，永远都存在一条基准线。

3.4.2 IK Handle［IK手柄］

IK手柄［IK Handle］的控制效果像一条线，它从关节链的起点贯穿到关节链的终点，提供了控制整个关节链运动的方式。IK手柄控制的起始关节称为Star Joint［起始关节］，控制的最后一个关节称为End Joint［末端关节］。Star Joint可以是骨骼的根关节，或者是End Joint以上的任何关节，具有IK手柄的关节链称为IK链，IK手柄可定位关节链中所有的关节。

当使用IK手柄定位和动画关节链时，通过使用IK解算器，IK手柄自动地推算出关节链中所有关节的旋转方式。

3.4.3 IK Solver［IK解算器］

IK Solver是IK手柄的运动控制信息。当使用IK手柄移动整个关节链到达空间某一特定位置，给出关节链要到达的位置后，IK解算器通过反向动力学方式，推算出如何旋转关节链中的所有关节。

常用的有4种类型的解算器：ikRPsolver ［IK Rotate Plane solver］——IK旋转平面解算器；ikSCSolver ［IK Single Chain Solver］——IK单链解算器；ikSplinesolver ［IK Spline Solver］——IK样条曲线解算器；hikSolver ［Human IK solver］——人类IK解算器。

IkRPSolver解算器创建时会生成一个旋转平面，平面带有一个极向量指针，极向量指针指向关节弯曲运动的方向。

IkSCSolver解算器将会创建一个IK单链手柄，可以控制骨骼的反向运动，但是不会显示IK的旋转平面。

ikSplinesolver解算器使用一条Curve来控制IK的变化。

hikSolver解算器是将Maya中的骨骼转入Auto desk公司另外一款三维动画软件Motion Builder里的，因此hikSolver在Maya里不能直接使用。

3.4.4 IK的工作原理

了解IK的工作原理可以更好的理解和使用IK。创建一个IK以后，IK手柄的终点被放置在End Joint［末端关节］处，称为末端效应器。末端效应器用来提供IK手柄如何旋转关节链中关节的信息，关节链的End Joint按照这些信息到达空间的某些位置。将IK手柄终点的位置传递给IK手柄的IK解算器，末端效应器可以为IK解算器提供如何旋转关节所需要的信息。

Maya系统的默认设置，末端效应器不显示，它位于终关节的坐标轴。如果需要可以使末端效应器偏离终关节的位置。在Outliner［大纲］或Hypergraph［超级视图］都可以选择末端效应器。

当创建一个关节链时，设置Maya 创建一个IK 手柄。并且IK 手柄作用于关节链的始终。如果创建一个肢体链，Maya 创建的IK 手柄，仅影响到最近在肢体链中建立的关节链。典型的工作流程是创建完整的骨骼，然后在需要的地方添加IK 手柄。如果打开此项，IK Handle Options部分就会显示。

3.4.5 Create IK Handle Tool［创建IK手柄］

IK Handle Tool［IK手柄工具］是直接作用在Joint上的，因此创建IK Handle Tool之前必须先创建Joint。

执行菜单Skeleton _ IK Handle Tool，选择关节的两端，即可在关节上加入IK。选择并移动末端关节的十字形的IK手柄就可以看到IK带动骨骼的运动了。

在IK Handle Tool的选项中包含了两种解算器类型：在菜单Skeleton _ IK Handle Toolr，显示Tool Settings。Current Solver ［当前解算器］可以选择当前解算器的类型，其中包括IkRP Solver和IkSC Solver。

IK Spline Handle Tool［IK样条曲线手柄工具］的创建和IK Handle Tool一样，但是IK Spline Handle Tool创建的时候，会在围绕当前骨骼的位置上自动创建一条曲线，这就是IK Spline Handle Tool［IK样条曲线手柄工具］的特点，对IK Spline Handle ［IK样条曲线手柄］不能直接移动它的十字手柄，改变自动创建曲线的Control Vertex才可以使IK运动。IK Spline Handle Tool创建的解算器类型是ikSplinesolver。

本章小结

本章讲解了搭建角色骨骼的方法。骨骼的每个关节都要严格命名，对于关节本身错误的旋转坐标要及时纠正，否则骨骼会出现不正确的运动。作用在关节上的IK手柄也发挥了骨骼运动的多样性。正确理解IK的概念以及搭建人体骨骼用法。

任务分析

骨骼中的每个关节都发挥着它们的作用，任何一个关节的设置都不能疏忽。关节是构成骨骼的组成元素。

复习思考题

熟记创建骨骼工具的作用，分别在三个骨骼上创建出不同类型的IK，理解每个IK的不同作用。

第4章　Constrain［约束］

约束是用一个或多个物体的属性变化，来控制另外的一个或多个物体的变化，这些变化是限制在一定的范围内的，以此来辅助创建一些有特殊要求的动画。此类的限制是约束的本质。约束的限定范围不外乎Translate［位移］、Rotate［旋转］和Scale［缩放］。

在角色动画制作中，Maya2009提供了9种类型的约束：Point［点约束］、Aim［目标约束］、Orient［方向约束］、Scale［缩放约束］、Parent［父子约束］、Geometry［几何体约束］、Normal［法线约束］、Tangent［切线约束］和Pole Vector［极向量约束］，如图4.1所示。

在约束关系中，主要区别两种关系的名称：主动的"约束体"和被动的"被约束体"。在Maya中定义主动的"约束体"为"Target［目标体］"；定义被动的"被约束体"为"跟随物体"（被约束体在有些教程中也叫做"约束对象"，Maya没有明确对"被约束体"的命名）。

可以在Animation［动画］模块下的Constrain菜单中调用这些约束工具。约束工具的操作都是先选择Target［目标体］，按住键盘Shift键选择跟随物体执行要求的约束命令，从而在物体间建立约束的主从关系。当选取不止一个约束对象时，则在对象之间根据物体的权重共用一个被约束物体。

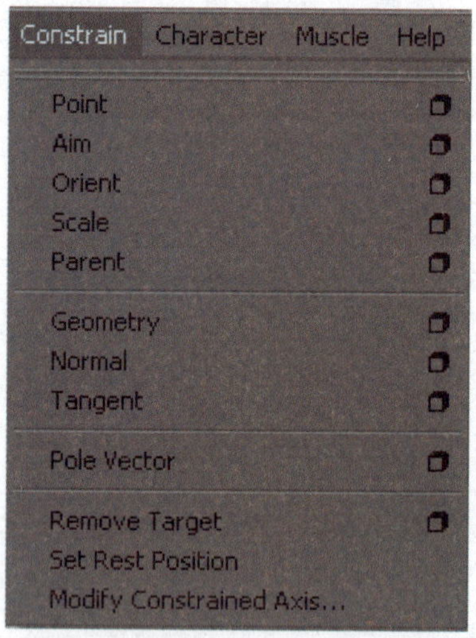

图4.1　Constrain菜单

在视图中，按键盘的"4"键使模型呈线框显示。当选择约束物体时，被约束物体会呈紫色线框显示，这时证明物体间已经建立了约束关系。如果选择约束物体时，被约束物体没有呈紫色线框显示，则代表物体之间没有建立约束关系。

本章将介绍这些约束的用法。

【学习目标】

本章学习约束的主要内容，约束也是一种控制关系的建立。区分约束物体和被约束物体在选择上的先后顺序，以及约束命令的选项设置。

4.1 Point［点约束］

Point命令所约束的是物体的轴心点。约束体将被约束物体约束在自己（约束物体）的轴心点上。

4.1.1 Point的应用

创建点Point时，首先选择一个或多个Target，再选择被约束物体，然后执行菜单Constrain→Point。被约束物体会自动移动到目标物体的轴心点上，如果存在多个目标物体，则依照目标物体对被约束物体的控制权重来决定被约束物体的位置。

下面通过一个例子来理解点约束。创建一个Cube［立方体］和Sphere［球体］，将两个物体分开放置。Cube作为约束物体，而Sphere作为被约束体。首先选择Cube，按住Shift键选择Sphere执行菜单项：Constrain→Point。这时可以看到Sphere被约束在了Cube的轴心点上，并且会跟随着Cube的位移而变化，如图4.2所示。

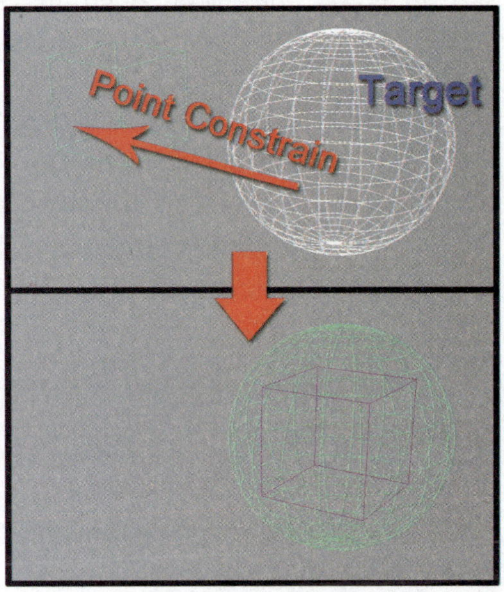

图4.2 Point Constrain

4.1.2 Point的Option设置

1. Maintain Offset［维持偏移］

用于将Target与跟随物体保持位置上的差异。例如，用手部关节约束手链的跟随。

当勾选Maintain Offset［维持偏移］时，下面的Offset［偏移］选项才会生效，Offset的三个参数代表x、y、z三个轴向的偏移。

2. Constrain axes［约束轴］

用于选择约束的轴向。

3. Weight［权重］

用于设置Target对跟随物体的约束程度。Weight值越大，影响程度就会越大；Weight为“0”时，约束失效。

Point效果永远遵循Target的轴心点［Pivot］，即：跟随物体永远被约束在Target的轴心点上。

利用点约束主要就是完成对被约束物体的位置控制，它对被约束物体的方向没有影响。

4.2 Aim［目标约束］

Aim用于定位物体的方向，使跟随物体总是瞄准Target，就像是定义某一个物体的“朝向”，如图4.3所示。

例如，舞台上的灯光照射，摄影机对于拍摄目标等都可以使用Aim Constrain进行跟随操作。在角色骨骼系统设定中，Aim主要用于添加给控制眼睛运动的控制器。

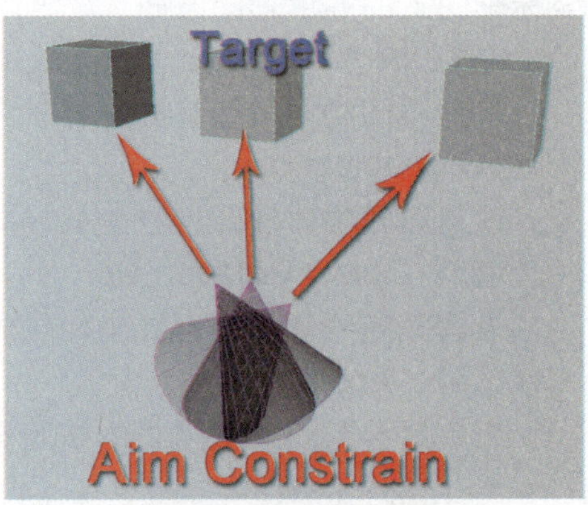

图4.3 Aim Constrain

4.2.1 Aim的应用

与Point的创建方式一样。创建点Aim，需要先选择一个或多个Target，按住键盘Shift键再选择跟随物体，执行菜单Constrain→Point，在两个物体之间就建立了目标约束的关系。

4.2.2 Aim的Option设置

跟随物体指向方向的确定是由三个矢量参数来控制的，分别是Aim Vector［目标矢量］、Up Vector［向上矢量］和World Up Vector［世界向上矢量］。

与Point不一样：在创建Aim时，默认的参数并不一定能对应正确的要求，一般都要在Aim的Option当中进行要求的进行设定，才能做出正确的约束。

执行菜单Constrain→Point→❐，在新弹出的对话框中出现以下6个选项。

1．Maintain Offset

用于将Target与跟随物体保持位置上的差异。当勾选Maintain Offset［维持偏移］时，下面的Offset选项才会生效，Offset的三个参数代表x、y、z三个轴向的偏移。

2．Aim Vector［目标矢量］

用于设置跟随物体指向Target的自身方向。这个参数要以跟随物体为第一人称视角，判断出Target位于跟随物体的哪一个方向。

Aim Vector后面的三个参数分别代表x、y、z三个轴向，每个轴向的参数一般都以–1、0、1来区分：–1代表该轴向的反方向产生约束；0代表在该轴向没有约束；1代表在该轴向的正方向产生约束。

3．Up Vector［向上矢量］

用于设置随物体受Target约束的第二个轴向，即跟随物体的高度受约束轴向。对于Target而言，只有Aim Vector［目标矢量］不能完全控制跟随物体的指向，有了两个轴向作为约束就可以固定住跟随物体指向的方向了。

4．World Up Type［世界向上类型］

World Up Type用于设置跟随物体按照世界坐标轴定义向上的高度轴向的类型。World Up Type共分为四种类型：Scence Up［物体向上］、Object Up［物体向上］、Object Rotation Up［物体旋转向上］和Vector ［矢量］。

Maya的默认系统配置会将Up Vector和World Up Type尽最大限度保持一致。Up Vector所定义的是跟随物体自身向上的高度轴向方向，而World Up Type所定义的是跟随物体按照世界坐标轴向上的高度轴向方向。

（1）Scence Up

设置跟随物体按照世界坐标轴向上的高度轴向与该场景的高度轴向一致。

（2）Object Up

设置跟随物体按照世界坐标轴向上的高度轴向指向一个指定的对象。

（3）Object Rotation Up

设置跟随物体按照世界坐标轴向上的高度轴向与一个指定对象的自身坐标一致。

（4）Vector

用矢量参数设置跟随物体按照世界坐标轴向上的高度轴向所指向的方向。

5．Constrain Axes［约束轴向］

Constrain Axes设置约束关系的轴向，Maya默认设置勾选“All”即x、y、z三个轴向全部受约束控制。

6. Weight［权重］

用于设置Target对跟随物体的约束程度。Weight［权重］值越大，影响程度就会越大；Weight为“0”时，约束失效。

4.3 Orient［方向约束］

Orient在一些Maya文献中也叫做旋转约束。

Orient的约束效果是：可以让Target控制跟随物体的方向。跟随物体只是跟随Target的旋转而旋转，跟随物体本身的空间位置并不受影响，如图4.4所示。

当存在多个Target时，跟随物体的旋转方向按照这些Target的权重值取它们的平均值。

4.3.1 Orient的应用

选择Target和跟随物体。执行菜单Constrain→Orient。

4.3.2 Orient的Option

执行菜单Constrain［约束］→Orient［方向约束］→❐，在新弹出的对话框中，出现以下3个选项。

图4.4 Orient Constrain

1. Maintain Offset

用于将Target与跟随物体保持位置上的差异。当勾选Maintain Offset时，下面的Offset选项才会生效，Offset的三个参数代表x、y、z三个轴向的偏移。

2. Constrain Axes［约束轴向］

Constrain Axes设置约束关系的轴向，Maya默认设置勾选“All”即x、y、z三个轴向全部受约束控制。

3. Weight

用于设置Target对跟随物体的约束程度。Weight值越大，影响程度就会越大；Weight为“0”时，约束失效。

4.4 Scale［缩放约束］

Scale与Orient有相同的作用方式：使得跟随物体的缩放属性跟随Target的缩放变化而变化，但是跟随物体的位置不会受影响。即：Scale仅使用Target约束跟随物体的缩放比例，不会影响跟随物体的位移或旋转，也不会影响跟随物体的轴心点，如图4.5所示。

当遇到要求使多个物体进行相同方式或比例缩放但不发生位移时，可以利用Scale来简化操作。对于特殊的动画需求，Scale也能提供给一种良好的解决方法。

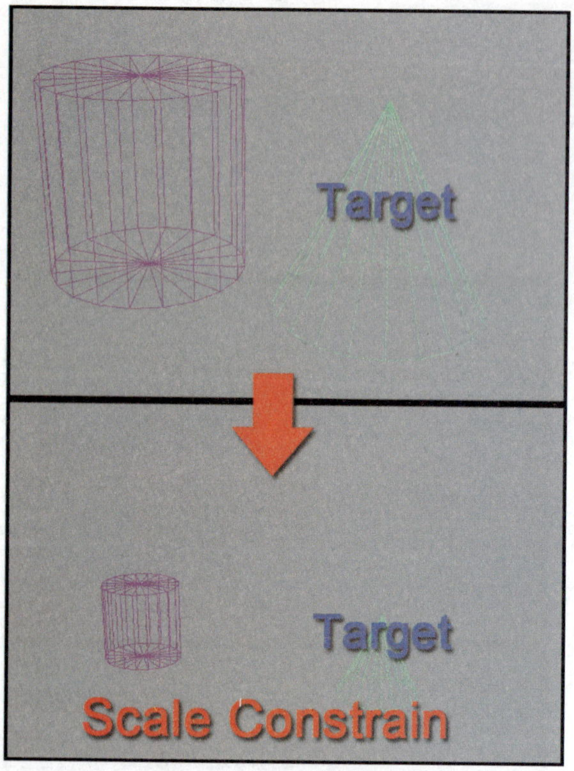

图4.5　Scale Constrain

4.4.1　Scale的应用

创建Scale时，选择Target和跟随物体，执行菜单Constrain→Scale命令。

4.4.2　Scale的Option设置

首先，执行菜单Constrain→Scale→❐，在新弹出的对话框中出现以下3个选项。

1．Maintain Offset

用于Target与跟随物体保持位置上的差异。当勾选Maintain Offset［维持偏移］时，下面的Offset［偏移］选项才会生效，Offset［偏移］的三个参数代表x、y、z三个轴向的偏移。

2．Constrain Axes

Constrain Axes设置约束关系的轴向，Maya默认设置勾选“All”，即x、y、z三个轴向全部受约束控制。

3．Weight

用于设置Target对跟随物体的约束程度。Weight值越大，影响程度就会越大；Weight为“0”时，约束失效。

4.5　Parent［父子关系］

Parent的约束效果可以让Target像跟随物体的父级物体一样，使得跟随物体跟随Target的变化而变化，这些变化包括了位移和旋转。在Target和跟随物体之间会保持约束前的空间位置，如图4.6所示。

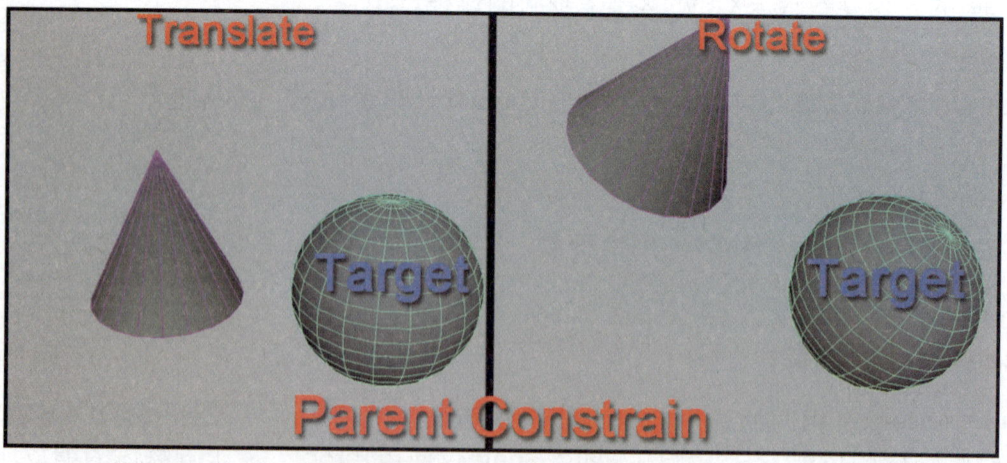

图4.6　Parent Constrain

Parent Constrain［父子约束］和Parent［父子关系］不能等同，虽然这两个命令在操作效果上类似，但却存在一些差异。

4.5.1　Parent Constrain和Parent区别

1．Parent Constrain跟随物体的变换旋转属性是不自由的，是被父物体控制的。而Parent

物体的子物体其变换旋转属性是自由的，可以控制。

2．Parent约束的子物体在父物体缩放时，与父物体之间的距离会根据于父物体的缩放倍增或倍减，但子物体本身并不会伴随父物体的缩放而发生变化。

Parent物体的子物体在父物体缩放时，除了与父物体之间的距离会根据于父物体的缩放倍增或倍减之外，还会与父物体同时缩放（放大或缩小）。

4.5.2 Parent的应用

创建Parent时，选择Target和跟随物体，执行菜单Constrain→Parent命令。

4.5.3 Parent的Option

执行菜单Constrain→Parent→❐，在新弹出的对话框中，出现以下3个选项。

1．Maintain Offset

用于将Target与跟随物体保持位置上的差异。当勾选Maintain Offset时，下面的Offset选项才会生效，Offset的三个参数代表x、y、z三个轴向的偏移。

2．Constrain Axes

Constrain Axes包括在Translate和Rotate两个属性上设置约束关系的轴向，Maya默认设置勾选“All”，即x、y、z三个轴向全部受约束控制。

3．Weight

用于设置Target对跟随物体的约束程度。Weight［权重］值越大，影响程度就会越大；Weight为“0”时，约束失效。

4.6 Geometry［几何体约束］

Geometry可以将跟随物体约束并限制到NURBS表面、NURBS曲线或Polygon物体的表面上，如图4.7所示。

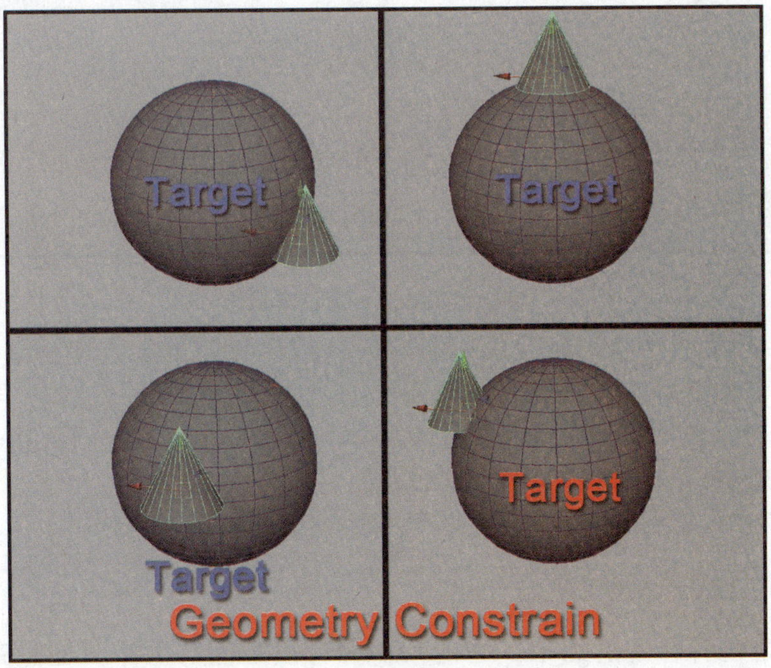

图4.7 Geometry Constrain

创建几何体约束，选择目标物体和被约束物体，执行Constrain→Geometry。

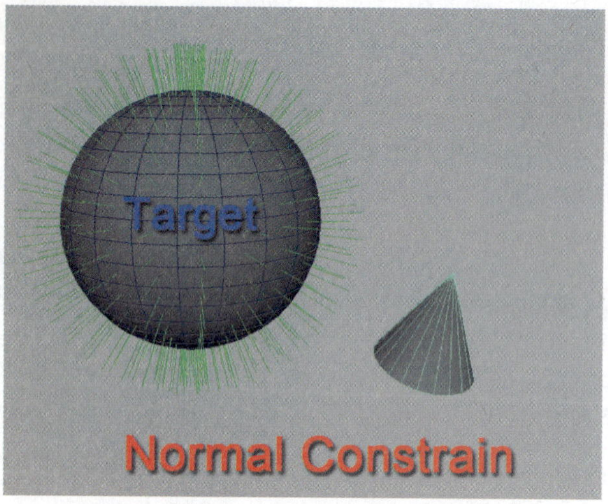

图4.8　Normal Constrain

4.7　Normal［法线约束］

Normal所约束的属性是跟随物体的方向，使得物体方向与NURBS表面或多边形表面的法线在同一条直线上，如图4.8所示。

当需要一个物体在一个表面上合理的滑动时，就会用到法线约束。例如，制作滑雪的场景，物体在水面飘动的场景等。

创建法线约束，选择目标物体和被约束物体，选择Constrain→Normal。

不论是直接位移Target或者在Target表面上位移跟随物体，跟随物体的Aim方向会始终指向Target表面的法线位置，产生相应的方向变化。

Normal的Option设置和Aim相同，可以参考4.2.2的内容进行操作。

4.8　Tangent［切线约束］

Tangent可约束跟随物体的Aim矢量属性和Target的切线矢量属性在同一直线上。

Tangent的Target必须是一条曲线，当跟随物体沿目标体的曲线运动时，跟随物体的Aim指向方向总是与距离曲线最近点的切线方向一致，如图4.9所示。

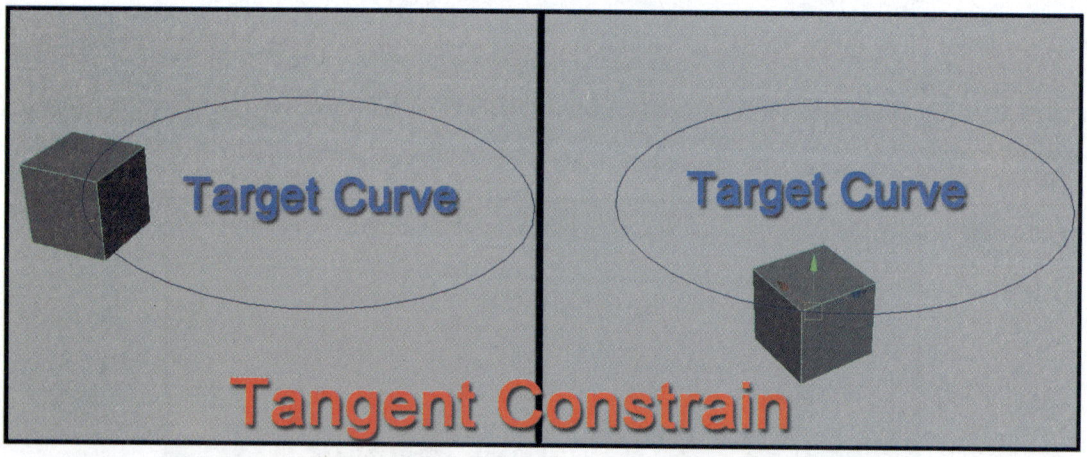

图4.9　Tangent Constrain

例如，在制作汽车的轮胎沿曲线转弯时可以利用切线约束来表现合理的动画。Tangent［切线约束］有时也和Geometry一起配合使用。

创建切线约束时，选择目标曲线和被约束物体，选择Constrain→Tangent。注意观察物体沿曲线运动时，X轴向始终同曲线的切线方向相同。

Tangent的Option设置和Aim相同，可以参考4.2.2的内容进行操作。

4.9　Pole Vector［极向量约束］

Pole Vector是一种特殊的约束，它的Target可以是任何物体，但是跟随物体必须是IK手柄。

Pole Vector对IK的解算器类型也有严格的要求，所创建IK手柄的解算器是指定的：只有ikRPSolver［旋转平面IK解算器］类型才能添加Pole Vector［极向量约束］，而ikSCSolver

［单链IK解算器］和ikSplineSolver［样条线IK解算器］类型无法添加Pole Vector［极向量约束］。

ikRPSolver带有一个极向量指针的旋转平面(极向量指针指向关节的朝向)，Pole Vector所约束的就是这个指针的方向。Pole Vector使得极向量指针跟随Target的移动而旋转。

在角色骨骼设定中，肘关节的IK和膝关节的IK常被Target作为控制器用于Pole Vector定位关节的朝向。

创建极矢量约束时，选择目标物体(一般是简单几何形或定位器)所要约束的IK旋转平面手柄，然后选择Constrain→Pole Vector。

IK手柄只能作用于骨骼的关节上，本章不再做讲解，Pole Vector将在第6章详细讲解。

4.10 编辑Constrain

约束的创建过程大致如上述所示。但是创建约束有时可能会出现漏洞，例如，Orient［方向约束］的约束轴向可能需要修改、约束的Target可能会由于误操作选择错误等。因此，配合Constrain菜单下的修改命令可以修改之前不正确的地方。

4.10.1 Remove Target［移除目标体］

首先选择Target，按键盘Shift键加选跟随物体，执行菜单Constrain→ Remove Target，即可移除处于主动地位的目标体，从而取消约束关系。

4.10.2 Set Rest Position［设置静止位置］

在约束中，建立约束关系之后的位置被定义为静止位置，即：Target和跟随物体都处于无操作的状态。这种状态也被称为初始位置。

初始位置记录了跟随物体受约束控制以后的无操作状态（没有位移、旋转或缩放操作的状态）。建立约束以后，在通道栏将权重设置为“0”的时候也会处于这种状态。

Set Rest Position用于设置这种状态的位置，以便可以快速的查看跟随物体的初始状态。

4.10.3 Modify Constrained Axis［修改约束轴向］

用于修改约束关系中的Constrained Axis和Maintain Offset。

约束的内容虽然并不繁琐，但是它的作用对于骨骼的控制十分关键。

本章小结

本章讲解了约束的应用，9种约束都有它们不同的控制范围，所应用的地方也不同。每种约束的选项都决定了约束后的效果。

任务分析

约束作为一种高级控制对于以后的学习十分重要。例如，拿取物体时，在Maya软件里就可以用约束控制。9种约束需熟练操作。

复习思考题

练习9种约束的创建与编辑，熟记并理解约束命令的原理。

第5章　实例操作——搭建角色骨骼

前4章主要讲述了角色设置相关菜单项的命令以及工具的用法，这些是Character Setup［角色设定］的基础课程。从第5章开始，我们进入到实际的应用——设定一个完整的角色。

制作Character Animation［角色动画］需要一个严谨、完整的流程。它的范畴非常广泛：包括游戏角色动画、电影角色动画、广告角色动画、人物动画等。Character［角色］在广义上说可以是任何的人物，动物或非生命物体。能够向观众传达信息的物体，都可以称为角色。狭义的角色单指人物或动物。

Character Animation是计算机动画中最具有挑战性的工作之一。作为三维艺术家，通过Maya骨骼系统的运动加上蒙皮所带来的表面变形，能够将动画角色塑造的栩栩如生。Character Animation就像是三维动画工作中的灵魂，Character Setup就是搭建起Character和Animation之间的桥梁。Setup［设定］的作用就是为角色建立运动的开关，所涉及的范围和对象也是广泛而复杂的，所有虚拟制作出的模型都可能成为角色，都需要对其设定，使其便利而且正确地完成需要的运动表演。

下面的几幅图片海报是迪斯尼公司（The Walt Disney Company）旗下的皮克斯动画工作室(Pixar Animation Studios)的作品。影片中的角色并非都是人物，但是每个角色都被赋予了运动的生命，如图5.1至图5.4所示。

图5.1　超人总动员

图5.2　玩具总动员

图5.3　Pixe经典台灯

图5.4　飞屋环游记

使用Maya这款强大的三维动画软件制作角色动画的根本宗旨就是：将生命赋予任何有生生命体或非命物体。简单地说就是让任何物体产生运动。在Maya中建立的模型全部都是静止的，想让这些虚拟出来的静止物体带有生命，可以依托软件本身的动画系统来完成真正意义上的角色动画。

本书只针对人物角色的设定进行重点讲解。

Character Setup的流程非常严谨，当然流程并不是一成不变的。每一个动画项目会根据不同的效果制定相应的流程。从本章节开始的案例整合部分流程的相同点进行讲解：起始点从创建腿部骨骼开始，到创建躯干骨骼、创建手臂骨骼、创建头部骨骼以及最后的创建控制器和蒙皮结束。

创建角色的骨骼需要用到第三章讲到的Joint Tool［关节工具］。人物角色骨骼的创建对Joint Tool有严格的要求：使用Joint Tool创建关节时一定不能过分的旋转，调整关节位置时要尽量使用Insert键或按住d键开启轴心点模式，进行关节自身的调整。

创建不同的关节对于Joint Tool的Orientation［骨骼方向］选项也有不同的设置：在创建脊椎、颈部、头部和腿脚部分的关节时需要调整Orientation为None［世界坐标类型］；唯独在创建手臂关节(包括手臂、手腕、手指)时要使用xyz类型。

根据人体运动学的原理分析Joint Tool的设置原因：头部、躯干、腿部和脚部的运动基本都是垂直于地面的，而手臂、手指等部位的运动基本都是沿着每部位自身的轴心运动。因此应该设置手臂和手部位的Joint［关节］旋转模式为xyz，使关节的x轴永远指向下一个关节、y轴保持指向自身向上的高度、z轴控制大部分的旋转；将除手臂部分以外的所有关节的旋转模式都设置为None，使这些关节的旋转运动始终与世界坐标对齐并保持一致。

以上原理一定要理解并熟记。

【学习目标】

本章学习内容是为角色模型创建骨骼系统，通过本章的学习要掌握使用Joint Tool创建不同骨骼的方法。IK手柄对骨骼运动的作用、骨骼关节本身的旋转坐标对于骨骼的运动十分重要，注意人体中不同位置的骨骼的旋转坐标的区别以及IK的正确创建。

5.1 创建腿部骨骼

打开的yuyang_menbody_Skeleton.mb文件，为这个角色创建一套完整的骨骼，如图5.5所示。

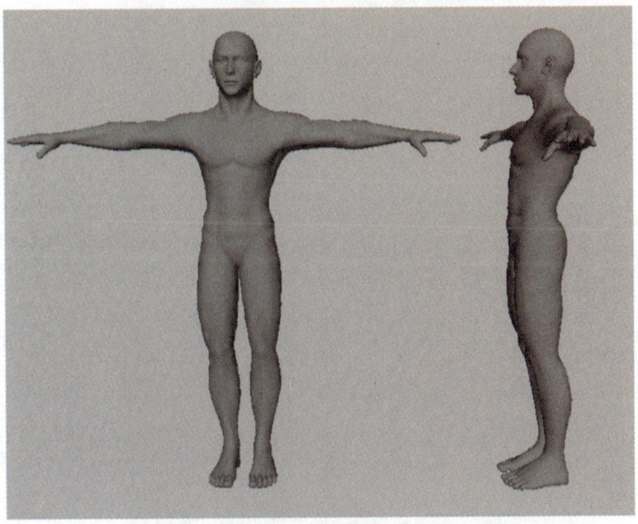

图5.5 角色

使用Joint Tool创建关节时，应该在单一视图中创建，绝对不能够在透视图中创建。这是为了确保每个关节能够正确对位以及关节自身的旋转没有偏移。

STEP 1

创建一个图层，将模型物体添加给新层，在图层面板中点击显示状态为“T”，将图层模式修改为隐藏并显示线框状态。这样在创建关节时可以避免误选模型，如图5.6所示。

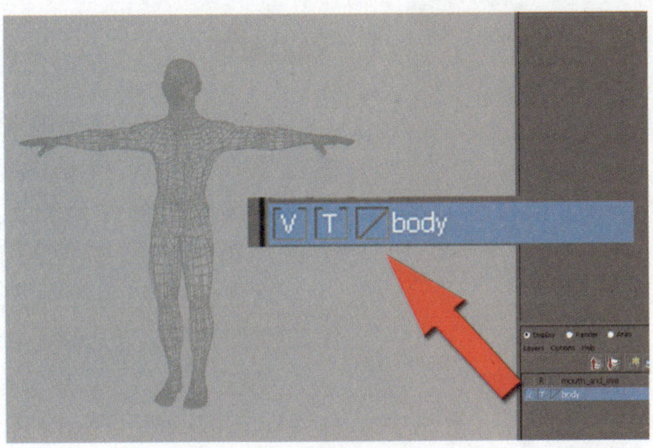

图5.6 修改图层样式

STEP 2

修改Joint Tool的Orientation选项为None。进入侧视图，从模型盆骨的位置开始向下创建腿部的骨骼Joint1到Joint5，如图5.7所示。

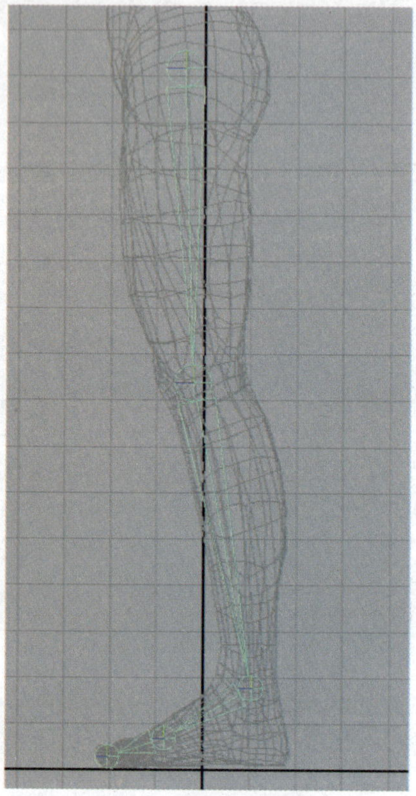

图5.7　创建腿部关节1

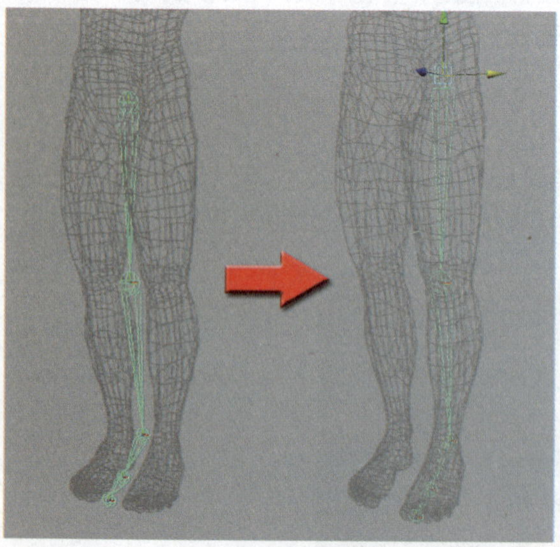

图5.8　创建腿部关节2

STEP 3

在侧视图中创建的关节正好位于整个视图的原点，使用位移工具移动整个骨骼至模型内部（最先创建的Joint1是所有关节的跟关节，只移动Joint1即可移动整个骨骼），如图5.8所示。

STEP 4

在创建完一部分骨骼时，需要对每个Joint进行重命名，这样是为绑定师在下一个环节添加控制其或检查关节的正确性提供方便，也是为动画师审核动画中各关节运动查找提供便利。

对任何类型的物体严格命名是一个良好的工作习惯，也是工作流程中所需要的。对Joint的命名都是以人体各个部位的名称制定的。

角色骨骼腿部所有关节的命名（骨骼中左右关均节以Left和Right区分。Left简写为“L”，Right简写为“R”。），如图5.9所示。

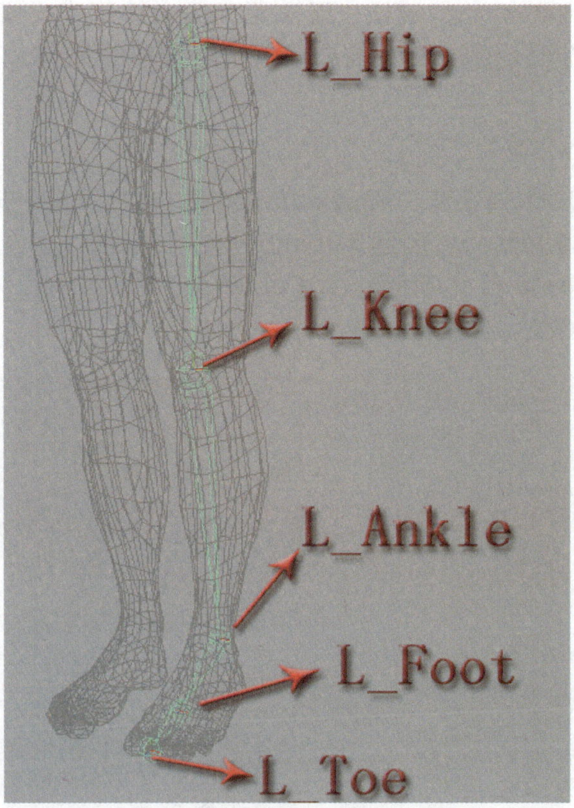

图5.9 腿部关节名称

大部分动画企业对关节的名称格式也都有要求，一般都为：左/右+下划线+关节名称。即：L/R_xxx。

STEP 5

为大腿部位的关节和脚踝关节添加IK Handle。选择菜单Skeleton_IK Handel Tool［反向动力学手柄工具］，确保IK Handel Tool的Current Solver［当前解算器］类型为ikRPSolver［IK旋转平面解算器］，点选L_Hip和L_Ankle两个关节创建IK控制手柄。将创建完成的IK手柄重命名为“ikHandle_L_Foot”。

创建IK手柄时，对选择顺序没有要求。当使用IK Handel Tool创建IK手柄时，点选两个关节以后，IK的解算器会根据关节的主次关系自动计算出IK手柄的控制位置。

IK手柄创建完成后要进行测试，如图5.10所示。

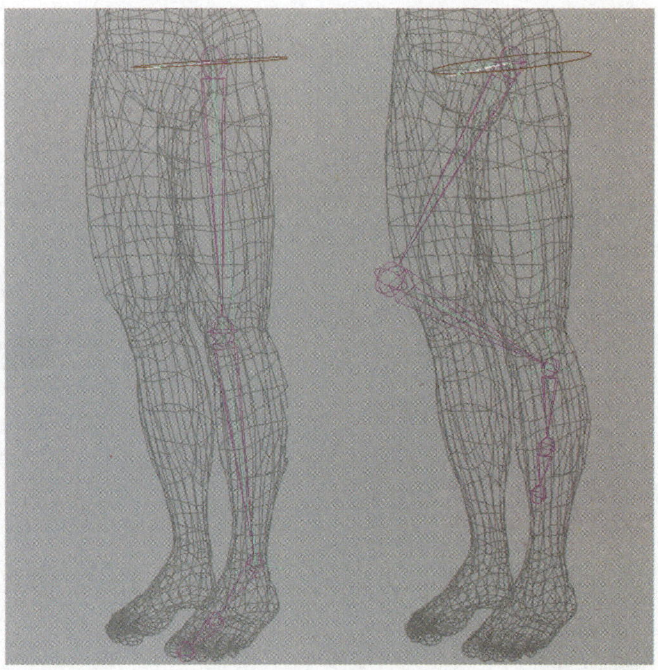

图5.10 创建腿部关节

腿部和脚步的关节已经就位，但是目前的骨骼设置只是很初级的，因为这些关节无法做出正常人体腿部的运动。例如，无法正确摆出垫脚尖或脚背弯曲的动作。因此需要对关节进行设置，腿部关节已达到标准，需要设置的是脚部的关节。

STEP 6

脚部的关节一般使用反转脚设置。所谓反转脚就是与原脚部关节创建的方向相反的一套单独的关节。从脚后跟的位置开始向右侧创建Joint6一直到Joint9。这套骨骼中每个关节的位置也有严格要求：Joint7与L_Toe重合；Joint8与L_Foot重合；Joint9与L_Ankle重合。可以在状态栏中开启点捕捉进行关节的对位，如图5.11所示。

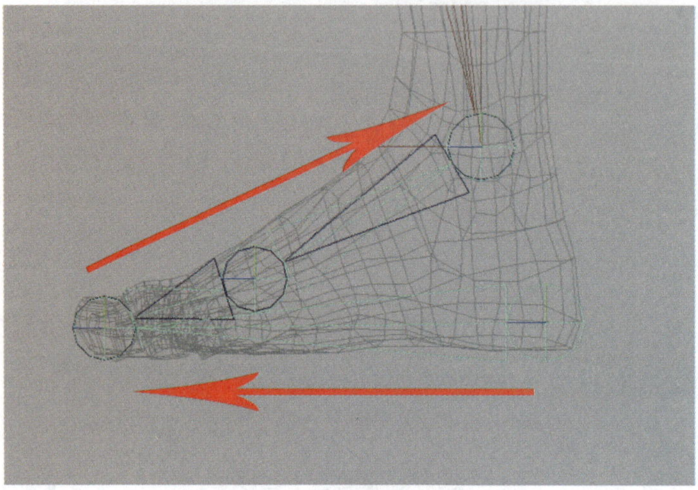

图5.11　创建反转脚1

这套关节用于控制脚部的一些动作，但是它本身并不属于与模型绑定的骨骼。下面开始设置反转脚骨骼和脚部骨骼。

STEP 7

为了不影响视角，将反转脚骨骼关节沿Y轴降低高度，最快捷的方法是直接将反转脚骨骼的根关节（Joint6）的TanslateY参数值变为负值，如图5.12所示。

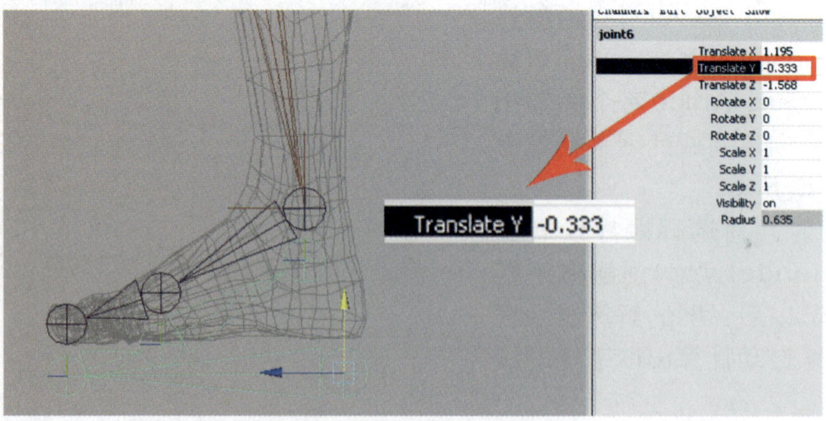

图5.12　创建反转脚2

STEP 8

对反转脚和脚部的设置需要三个步骤：1选择Joint9，Shift键加选IK手柄，执行菜单

Constrain_Point；2选择Joint8，Shift键加选L_Ankle关节，执行菜单Constrain_Orient［旋转约束］；3选择Joint7，Shift键加选L_Foot关节，执行菜单Constrain_Orient。再选择Joint6，在通道栏中将TranslateY值前面的负号去掉，使其回归初始状态。

这时Joint6就可以控制腿部关节的IK运动了，并且旋转Joint6时，脚部关节会做出相应的动作。旋转Joint7时的动作是踮脚、旋转Joint8时的动作是脚面前向弯曲，如图5.13至图5.15所示。

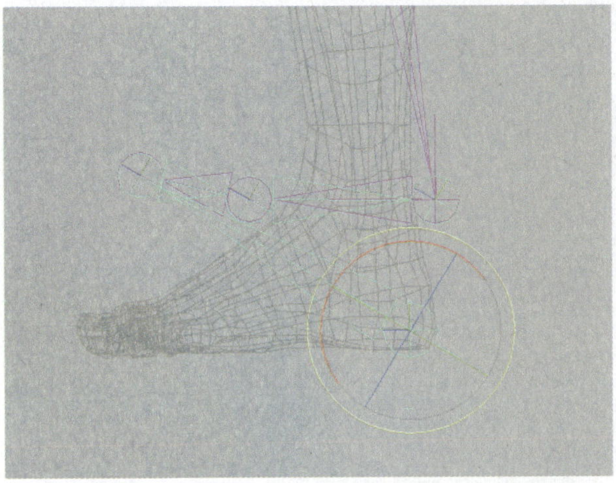

图5.13 反转脚运动1

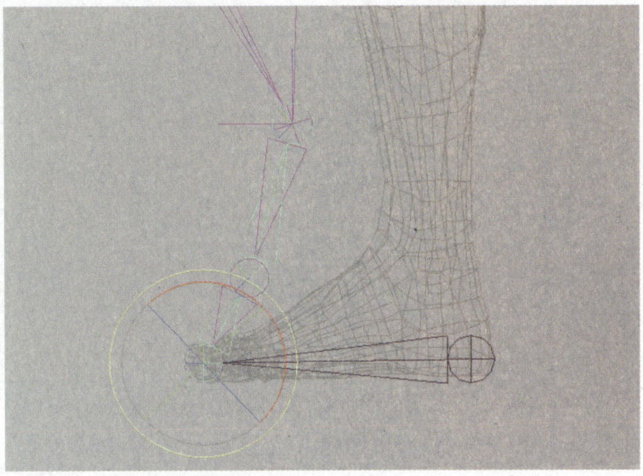

图5.14 反转脚运动2

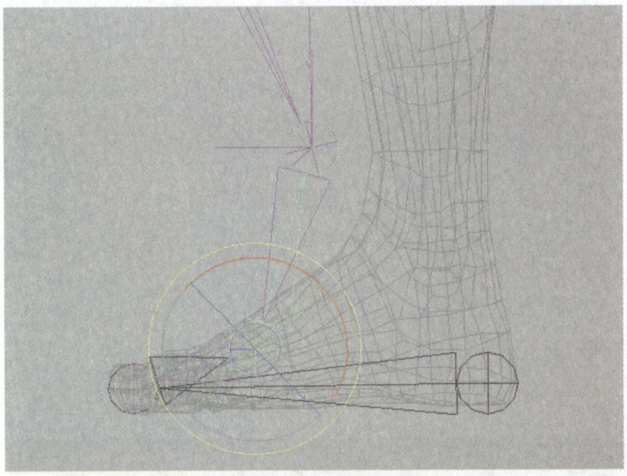

图5.15 反转脚运动3

反转脚的骨骼不包含在整套角色骨骼内，它的作用仅仅是控制脚部关节的运动。下面为反转脚骨骼的每个关节重命名：反转脚骨骼脚跟关节Joint6命名为“L_ReverseFoot_Heel”；反转脚骨骼脚尖关节Joint7命名为“L_ReverseFoot_Toe”；反转脚骨骼脚面关节Joint8命名为“L_ReverseFoot_Foot”；反转脚骨骼脚腕关节Joint9命名为“L_ReverseFoot_Ankle”。

5.2 创建躯干骨骼

躯干部分的骨骼的起始关节需要从腰部开始向上创建。因为躯干部分作为整个身体的中心部位，影响的范围广泛：锁骨、胸大肌、腹肌、背阔肌等都会由于躯干部分的运动而产生变形，因此躯干的运动十分繁多。

注意：一般情况下，躯干部分的关节不得少于6个。关节太多或太少都会影响骨骼的正常运动，因此理想的状态是6个关节。

STEP 1

使用Joint Tool从腰部位置开始向上创建，一直至头部顶端。Joint Tool的Orientation选项仍使用None类型，如图5.16所示。

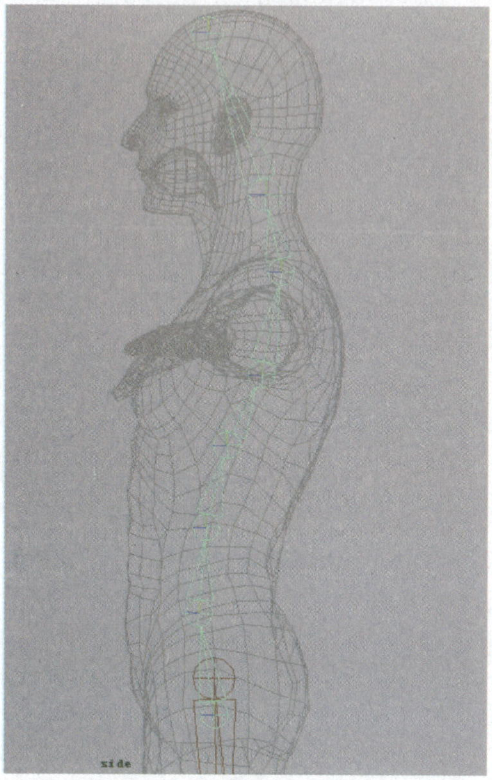

图5.16 创建脊柱关节

STEP 2

躯干骨骼的每个关节要重命名，从Joint10到Joint17，每个关节都有相对应的名称，如图5.17所示。

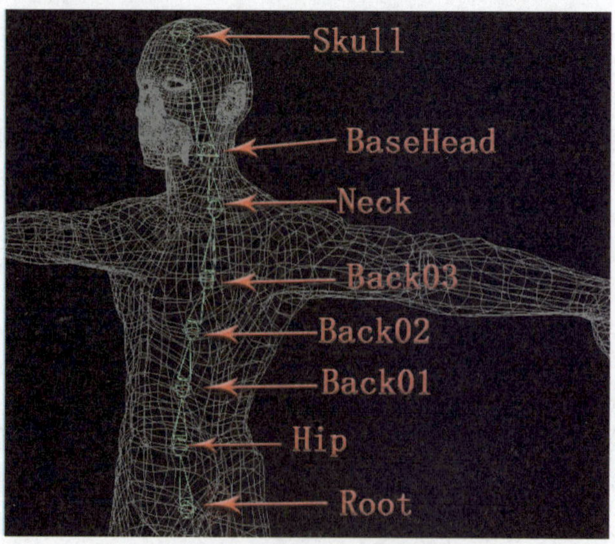

图5.17 躯干骨骼各个关节的名称

STEP 3

躯干这段关节需要创建反向动力学手柄，让身体部分的运动更加丰富。IK的类型需要使用IK Spline Handle Tool［IK样条曲线手柄工具］。从Neck（颈部）关节开始到Hip（臀部、大腿根部）结束。IK手柄重命名为“ikHandle_Chest”，如图5.18所示。

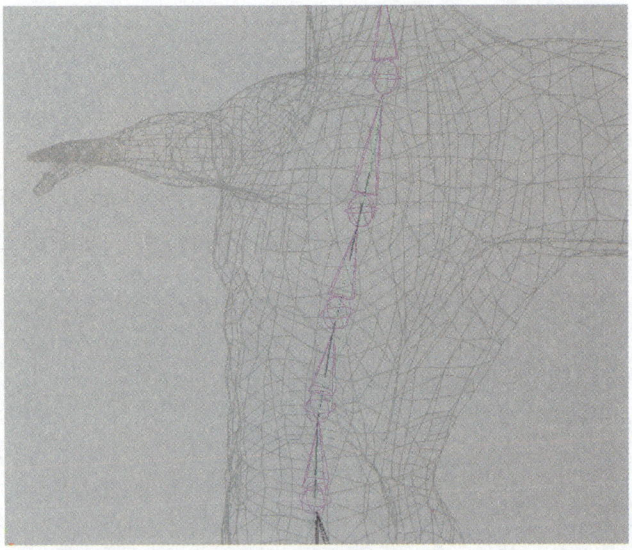

图5.18 躯干骨骼的IK

STEP 4

将IK Spline Handle［IK样条曲线手柄］中曲线上的每一个Control Point［控制点］都创建为Cluster［簇］。默认的IK Spline Handle的样条曲线会自动创建4个Control Point。创建4个Control Point后Cluster需要更改名称，从上向下的Cluster依次重命名为Cluster_Neck［颈部］、Cluster_Chest［胸部］、Cluster_Waist［腰部］和Cluster_Hip［臀部、大腿根部］。

键盘Ctrl+a展开属性面板，找到Cluster_NeckShape节点选项卡，调整Origin［原点］Z的值，将Cluster_Neck控制手柄移动至模型的外侧。其他的三个Cluster手柄做相同的操作，如图5.19和图5.20所示。

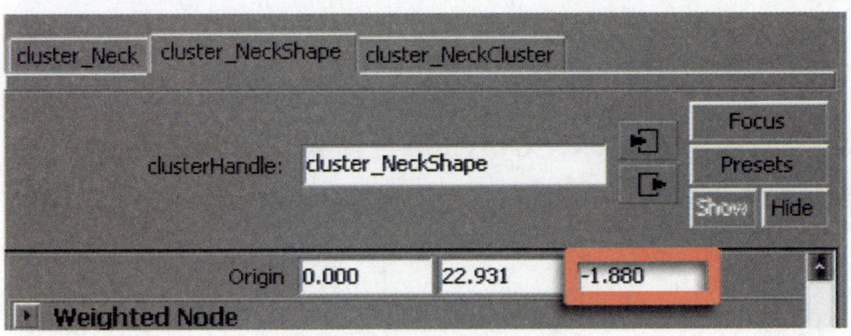

图5.19 调整Cluster的位置

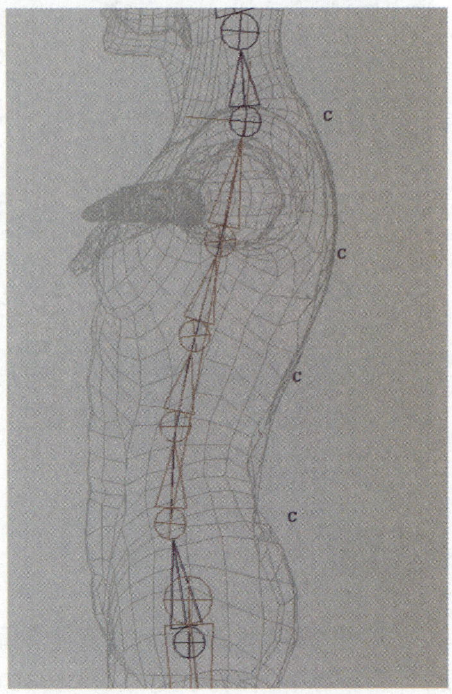

图5.20 Culster的位置示意

STEP 5

为了方便选择，将每个Cluster控制手柄位移到模型的外部。最后的工作是将四个Cluster手柄的Pivot［中心点］调整至对应关节点的中心：Cluster_Neck对应Neck关节点；Cluster_Chest对应Back03关节点；Cluster_Waist对应Back01关节点；Cluster_Hip对应Hip关节点。

5.3 创建手臂骨骼

STEP 1

创建手臂骨骼时，Joint Tool的Orientation选项要使用xyz类型。可以在Top或者Front视图创建。在创建完成后对照各个视图的视角范围调整关节的位置，如图5.21所示。

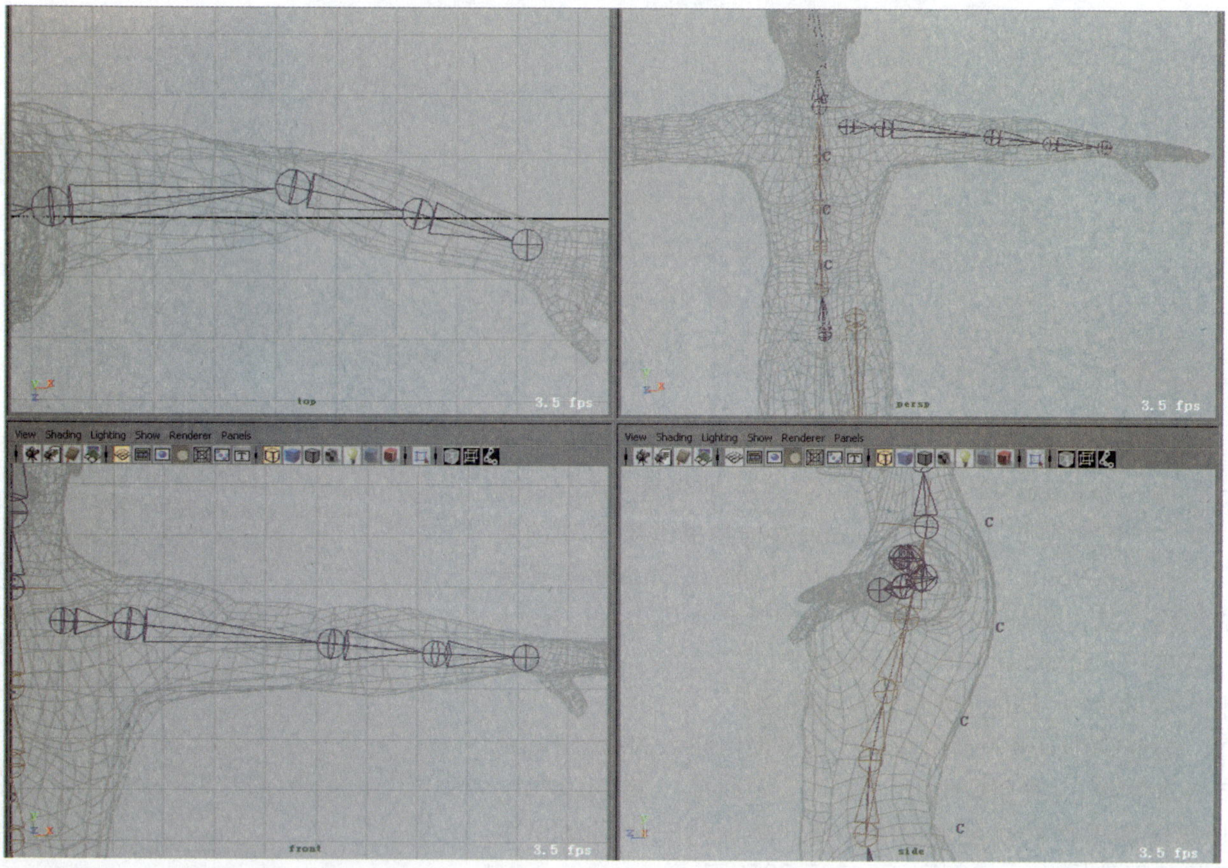

图5.21 创建手臂骨骼

STEP 2

对手臂骨骼的每个关节需要重命名，如图5.22所示。Clavicle［锁骨］、Shoulder［肩膀］、Elbow［肘关节］、Forearm［前臂］和Wrist［手腕］。

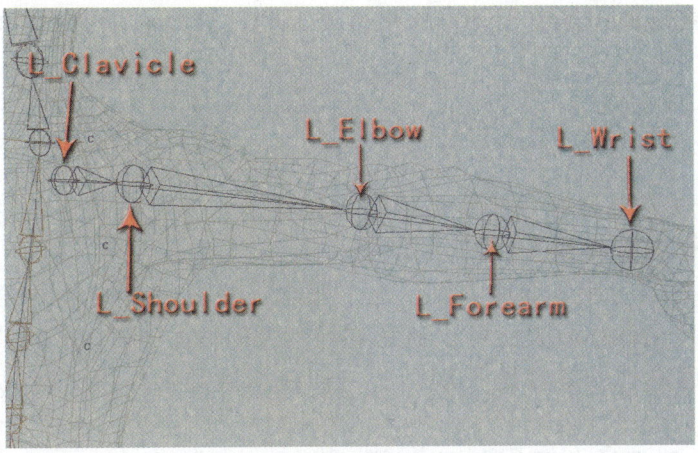

图5.22 手臂骨骼关节名称

STEP 3

创建手部骨骼的关节方向与手臂一样，Joint的Orientation选项为xyz。创建时一般在Top视图中完成，在Persp视图中调整。整个过程如图5.23和5.24所示。

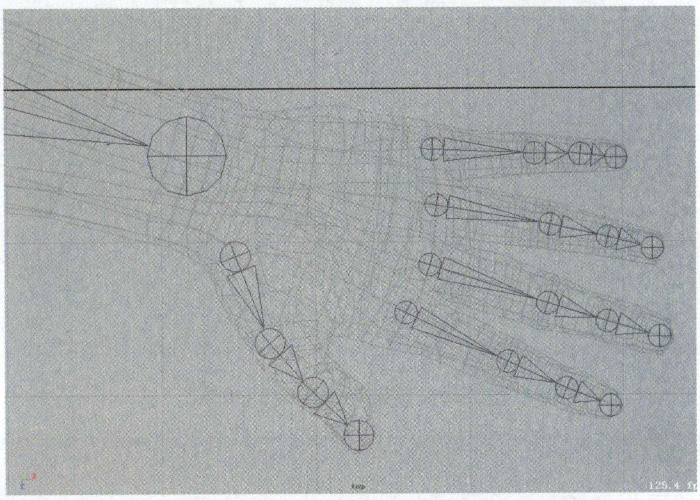

图5.23 创建手部骨骼的关节1

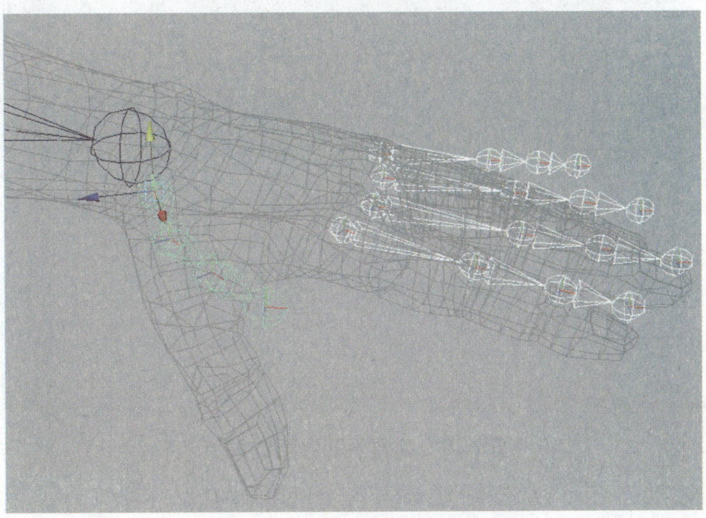

图5.24 创建手部骨骼的关节2

在Top视图中创建的Joint是位于Grid网格平面上的，因此必须使用Move Tool将它们位移到上方手部的位置。

STEP 4

在调整Joint时无法避免要做一些旋转的工作，但是一套完美的骨骼中的Joint最好在Rotate的参数中没有数值，也就是都处于“0”的状态。

解决这样的问题可以引用Group［组］这个概念：将要旋转的Joint打一个空组，调整轴心点到需要旋转位置，点击Group级别可以随意进行包括Move、Roatate和Scale在内任何操作。虽然在Group状态下通道栏的属性是不规则的，但是切换回物体模式时，Joint在通道栏的参数仍然保持创建时不变。

调整手部骨骼的每根关节可以使用上述的方法。可以看到，Group级别通道栏虽然在Rotate有参数，但是物体级别的Joint却没有改变，如图5.25和图5.26所示。

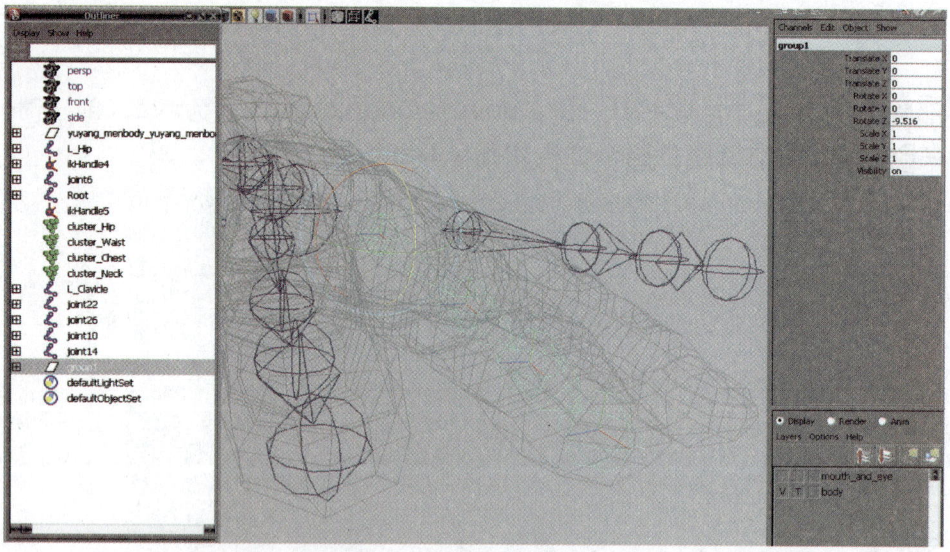

图5.25　创建手部骨骼的关节3

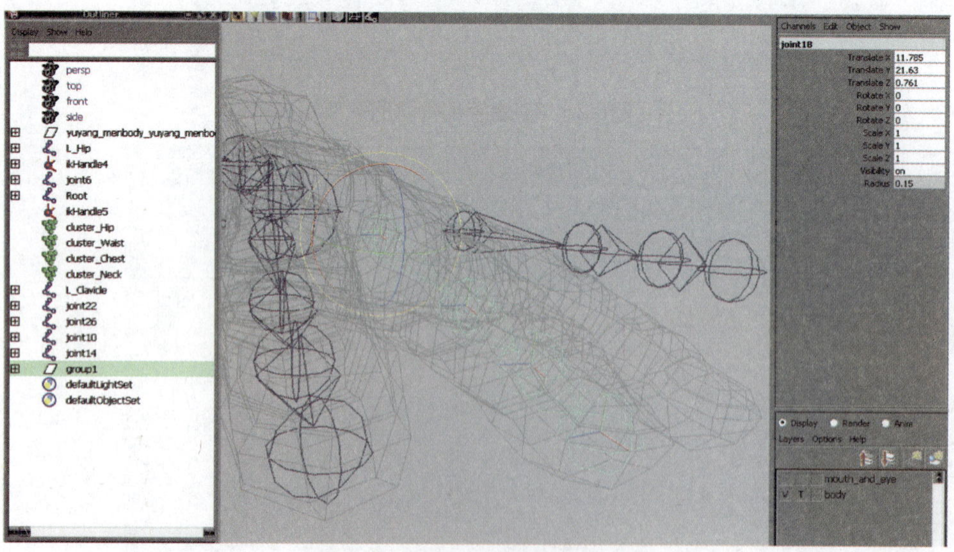

图5.26　创建手部骨骼的关节4

调整关节一定要细致，每个关节都要调整至模型的内部。手部骨骼的关节调整最终效果如图5.27所示。

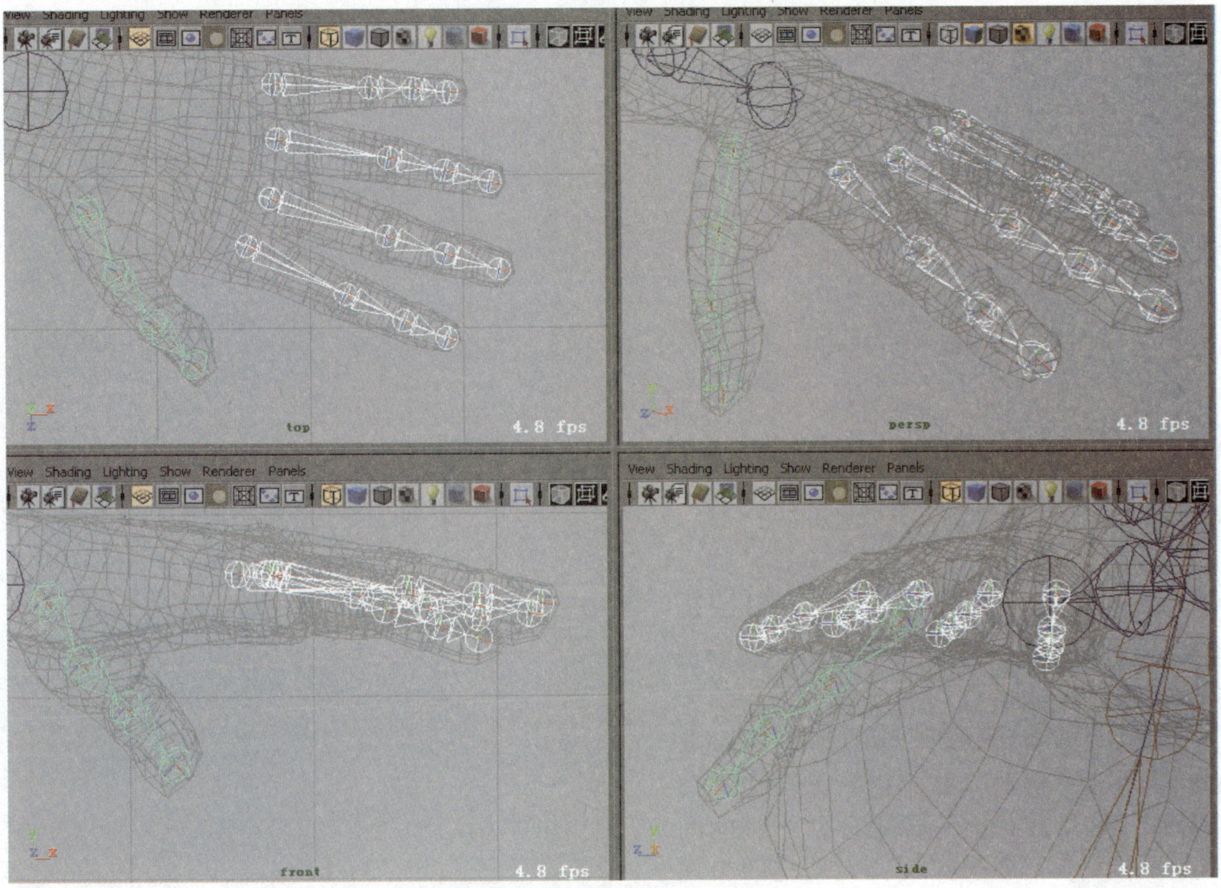

图5.27 创建手部骨骼的关节5

STEP 5

在与角色模型对好位置以后，对五个手指骨骼的每个关节都重命名。

左手拇指骨骼从跟关节到末端关节分别命名为：L_ThumbFinger01、L_ThumbFinger02、L_ThumbFinger03和L_ThumbFinger04。

左手食指骨骼从跟关节到末端关节分别命名为：L_IndexFinger01、L_IndexFinger02、L_IndexFinger03和L_IndexFinger04。

左手中指骨骼从跟关节到末端关节分别命名：L_MiddleFinger01、L_MiddleFinger02、L_MiddleFinger03和L_MiddleFinger04。

左手无名指骨骼从跟关节到末端关节分别命名：L_RingFinger01、L_RingFinger02、L_RingFinger03和L_RingFinger04。

左小拇骨骼指从跟关节到末端关节分别命名：L_PinkyFinger01、L_PinkyFinger02、L_PinkyFinger03和L_PinkyFinger04。

对手指关节命名后建立手指和手腕关节的连接。选择手部骨骼每段关节的跟关节，最后Shift加选左侧手腕关节：L_ThumbFinger01、L_IndexFinger01、L_MiddleFinger01、L_RingFinger01、L_PinkyFinger01，最后Shift加选L_Wrist，执行菜单Edit_Parent。建立起整个手部的连接，如图5.28所示。

图5.28　连接手指关节

STEP 6

调整完成后需要对手臂部分添加IK控制：在关节L_Shoulder和L_Wrist的位置添加IK Handel。

在为L_Wrist添加IK Handel时，会发现在移动IK手柄时，整个前臂关节也发生了弯曲。这是因为IK手柄建立时，中间间隔了两个关节，IK解算器会自动将两个间隔关节都列为弯曲运动的辅助对象。要解决此类问题，就需要调整一个与IK相关却又在默认状态时隐藏的物体——ifEffector［IK末端效应器］。

首先将IK手柄创建在关节L_Shoulder和L_Forearm的位置，如图5.29所示。

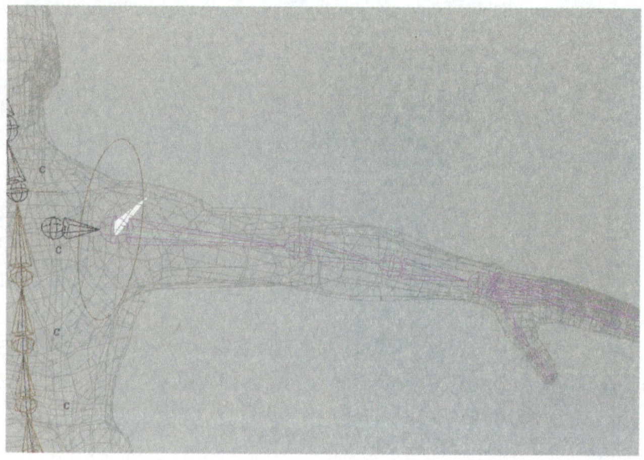

图5.29　创建手臂IK

执行菜单Window［窗口］→Hypergraph：Connections［超级视图：连接］，选择IK手柄左侧的〞effeftor3〞节点，这个就是IK手柄的末端效应器，如图5.30所示。

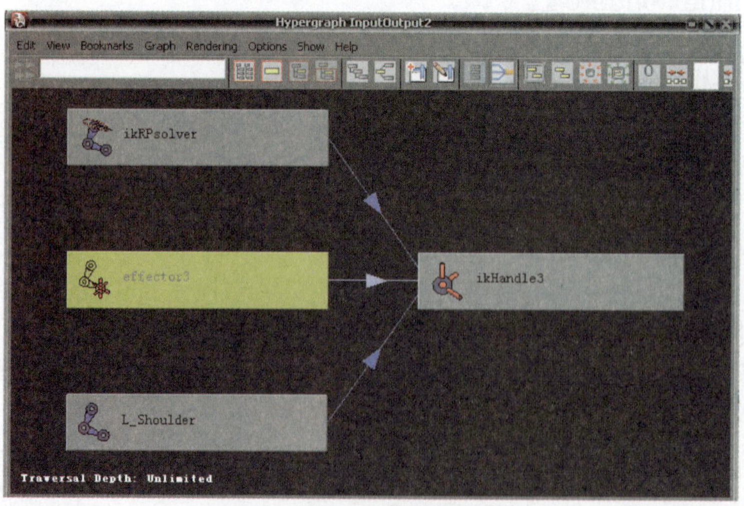

图5.30　末端效应器

在视图中调整末端效应器的位置，打开键盘Insert键，调整末端效应器到关节L_Wrist的中心，进入捕捉点模式更加准确，如图5.31所示。

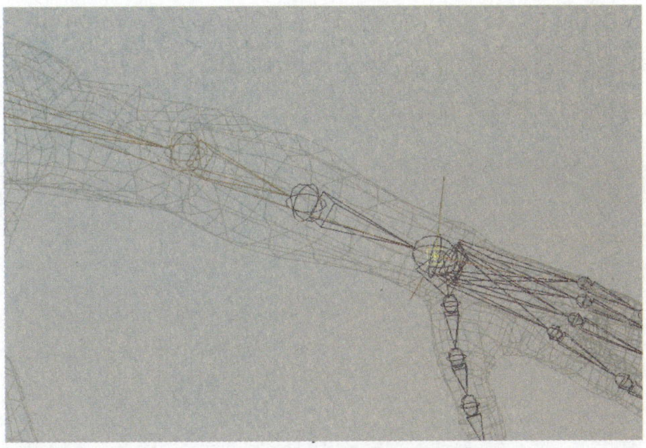

图5.31 调整末端效应器的位置

再次选择IK手柄移动时，前臂弯曲的问题就解决了，如图5.32和图5.33所示。

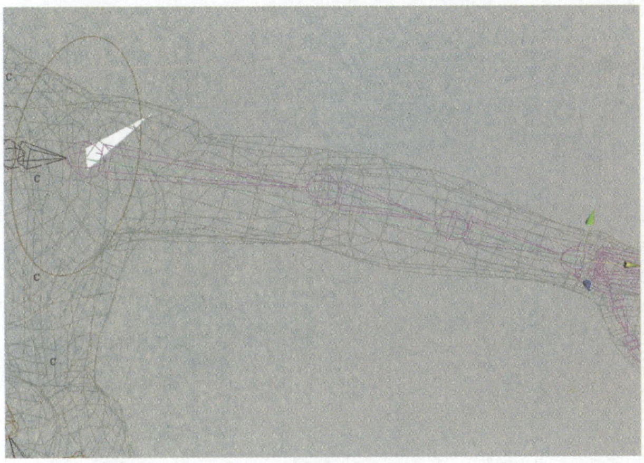

图5.32 正确的IK运动1

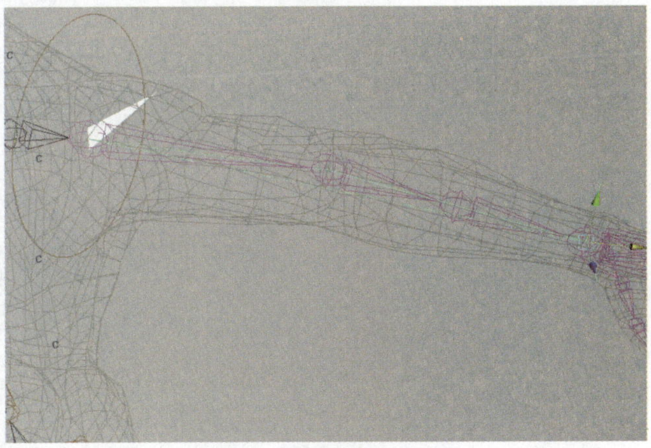

图5.33 正确的IK运动2

STEP 7

再为肩膀部分的关节L_Clavicle和L_Shoulder添加IK手柄，如图5.34所示。

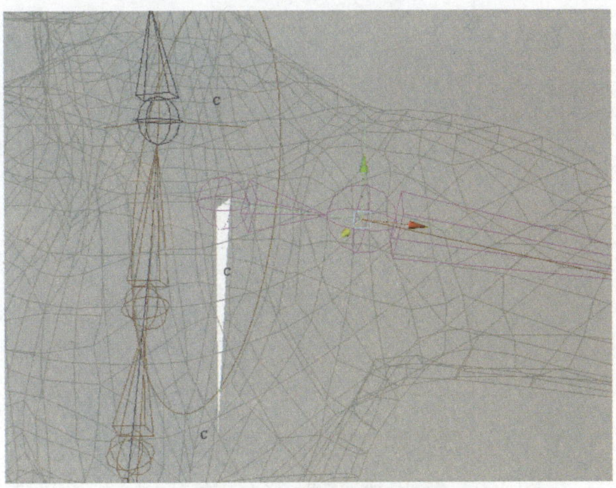

图5.34 创建肩膀部分的IK

STEP 8

和骨骼的关节一样，为区分不同IK手柄的位置和作用，IK手柄同样需要重命名：关节L_Shoulder和L_Wrist之间的IK手柄重命名为“ikHandle_L_Clavicle”，关节L_Clavicle和L_Shoulder之间的IK手柄命名为“ikHandle_L_Hand”。

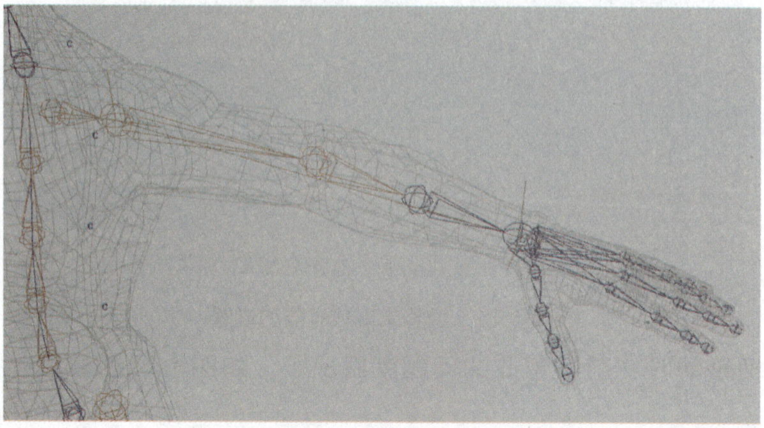

图5.35　手臂骨骼

5.4　调整整体骨骼

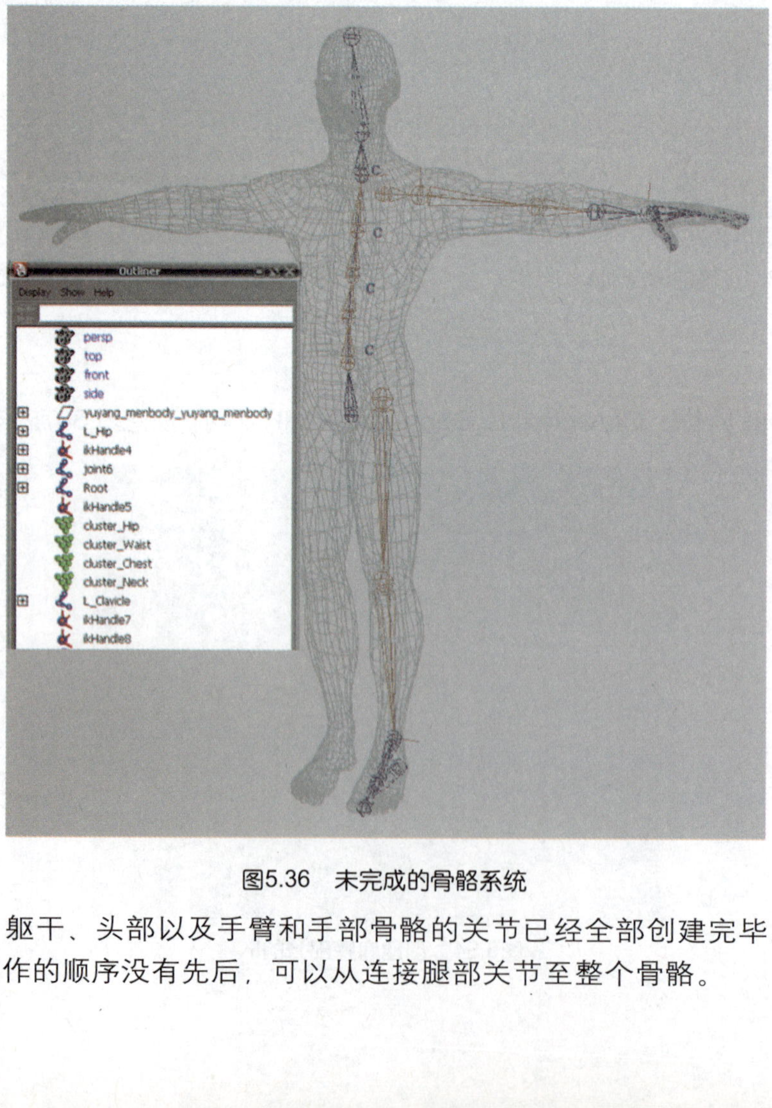

图5.36　未完成的骨骼系统

腿部、脚部、躯干、头部以及手臂和手部骨骼的关节已经全部创建完毕。下面的工作是调整所有的关节。工作的顺序没有先后，可以从连接腿部关节至整个骨骼。

STEP 1

选择腿部的跟关节L_Hip，Shift加选脊柱骨骼的关节Hip，执行菜单：Edit→Parent，或者使用快捷键“p”（字母为小写）。

连接腿部和躯干的另一种方法是使用Skeleton菜单下的Connect Joint［连接关节］，在选择顺序上仍然是先选择L_Hip，Shift加选脊柱骨骼的关节Hip。需要注意的是Connect Joint［连接关节］命令的选项要使用Parent Joint ［父子化关节］。

两种方法的效果完全一致。这样就可以连接腿部和躯干的骨骼了，如图5.37所示。

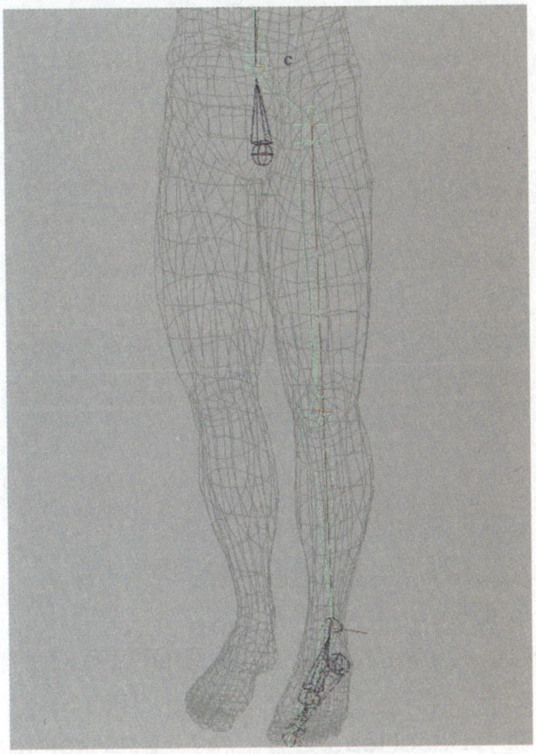

图5.37 连接腿部骨骼

STEP 2

手臂和躯干连接的两种方法同上，所选的关节是：L_Clavicle，Shift加选Neck。完成后的效果如图5.38所示。

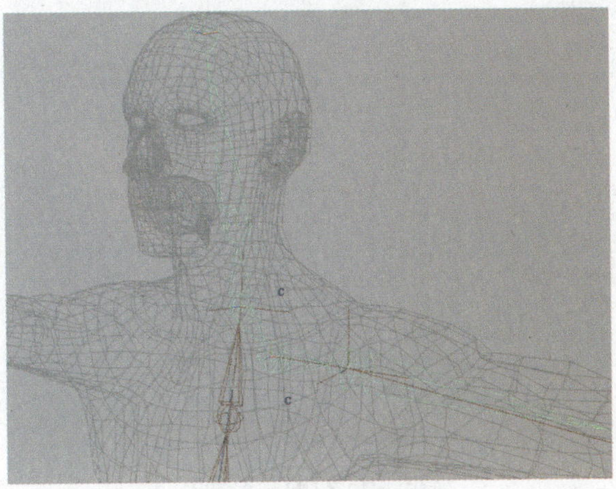

图5.38 连接手臂骨骼

STEP 3

下面调整颈部的骨骼。

当使用控制颈部骨骼关节Neck的Culster_Neck做位移时，只能做出弯腰的动作，无法做正确转头、摆头的动作。当控制BaseHead关节时，旋转操作虽然正确，但是位移就会出现骨节点之间骨头的拉伸错误。骨骼的运动只能旋转，而绝对不能直接在关节上位移。

图5.39所示的错误是在做摆头动作时从Neck关节到BaseHead关节之间骨头的拉伸。

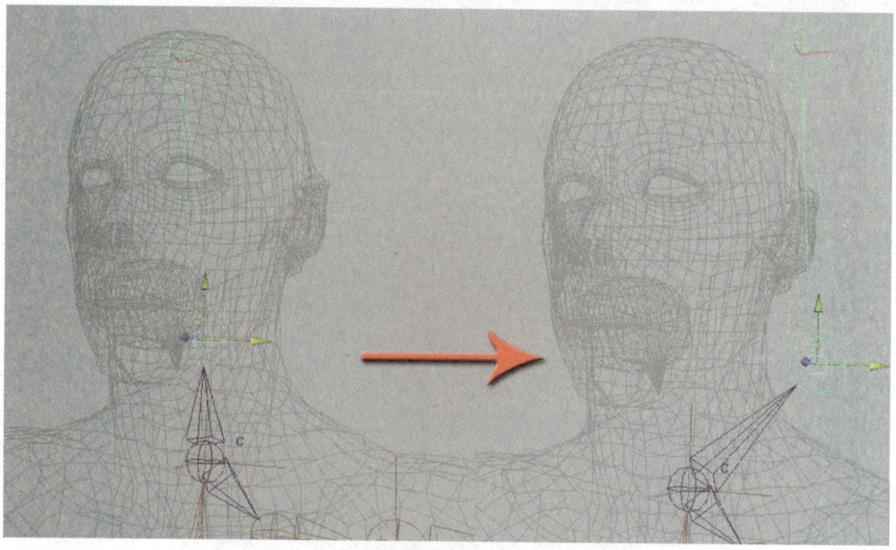

图5.39　非正确状态的头部骨骼运动

解决上述问题，需要修改关节。

对控制颈部的骨骼，增加一段新的关节，首先要断开颈部关节的链接。这个操作有两种方法。

打断骨骼连接方法一：选择BaseHead关节，执行菜单Skeleton→Disconnect Joint［打断关节连接］，如图5.40所示。将自动增加的关节Joint按Delete键删除。

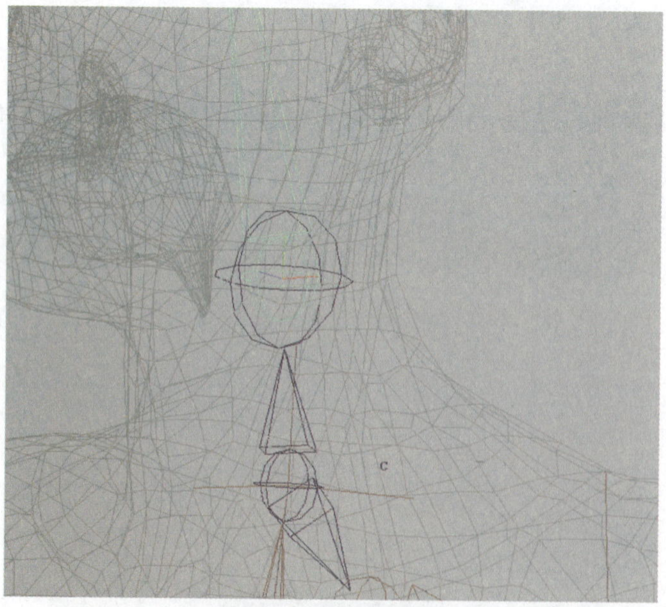

图5.40　打断颈部骨骼

打断骨骼连接方法二：选择BaseHead关节，执行菜单：Edit→Unparent［解除父子关系］，或者使用该命令的快捷键P（大写字母）。完成效果如图5.41所示。

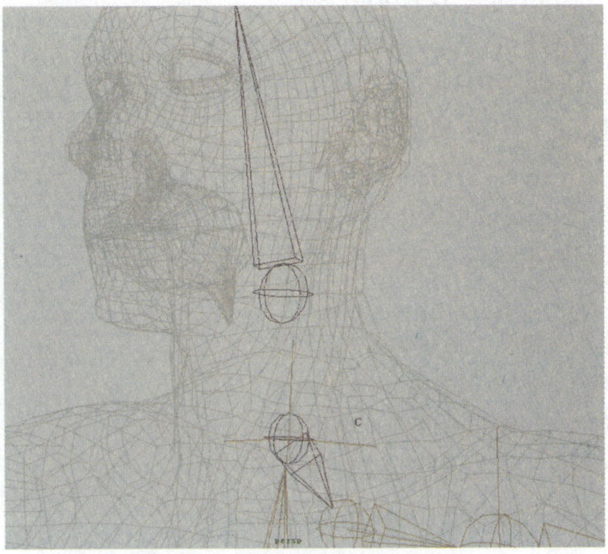

图5.41　取消颈部关节的父子关系

下面增加新的关节，在图5.42的所示的位置创建。

将Joint连接进整套骨骼，并且注意调整骨骼的半径Radius，如图5.43所示。

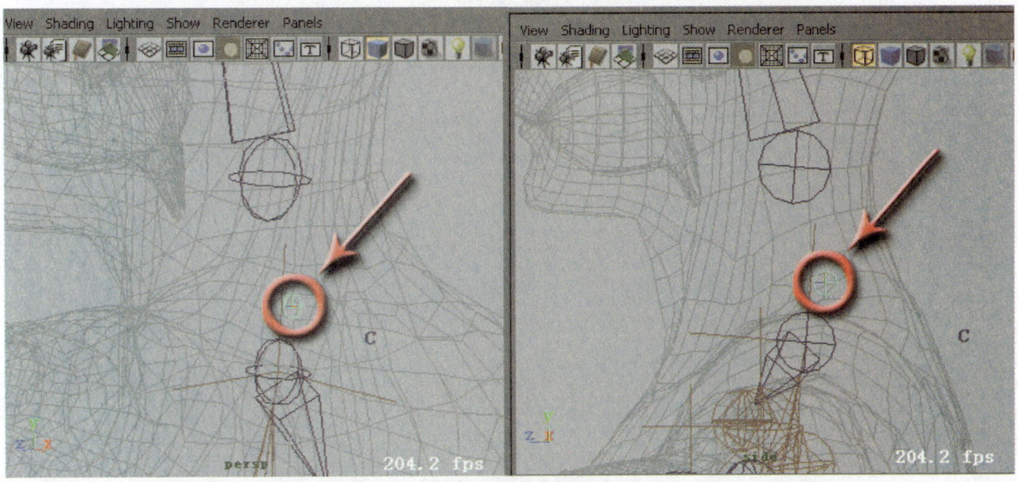

图5.42　创建颈部的新关节

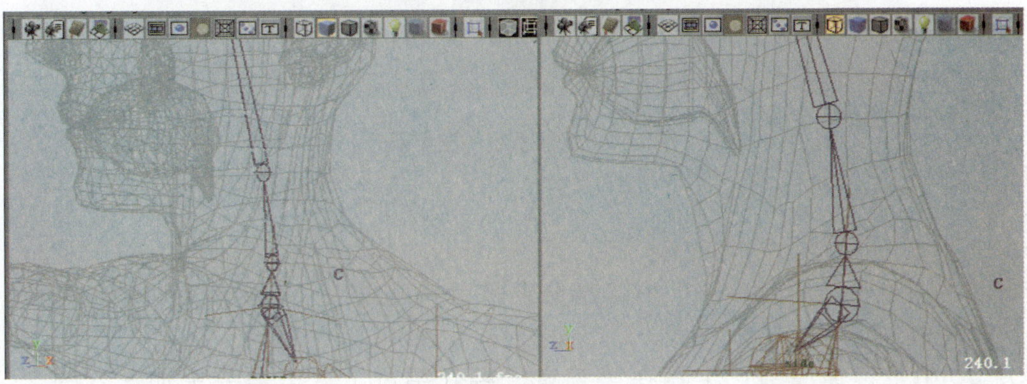

图5.43　连接颈部关节

上述增加关节的方法并不是唯一的。另外有一种更为简便的方法可以继“打断骨骼连接方法一”（图5.40的内容）继续进行：将Joint30直接连接进整套骨骼。

选择关节BaseHead，Shift加选关节Joint30，执行菜单：Edit→Parent；选择关节Joint30，Shift加选关节Neck。执行菜单：Edit→Parent。

使用Parent的快捷键“p”（字母为小写）更为便利。

连接骨骼的另一种方法是Skeleton菜单下的Connect Joint，可以参考连接腿部关节至整套骨骼的方法。

新增加的关节需要修改名称：将Neck关节重命名为Back04，Joint30重命名为Neck。为Neck关节和BaseHead关节添加一个IK Handel。将IK手柄重命名为“ikHandle_Neck”，如图5.44所示。

移动颈部的IK Handel时，头部的运动要灵活自如，如图5.45所示。

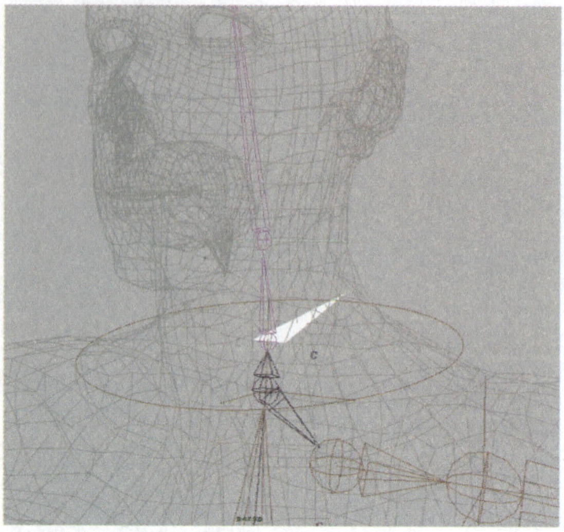

图5.44　创建颈部关节的IK

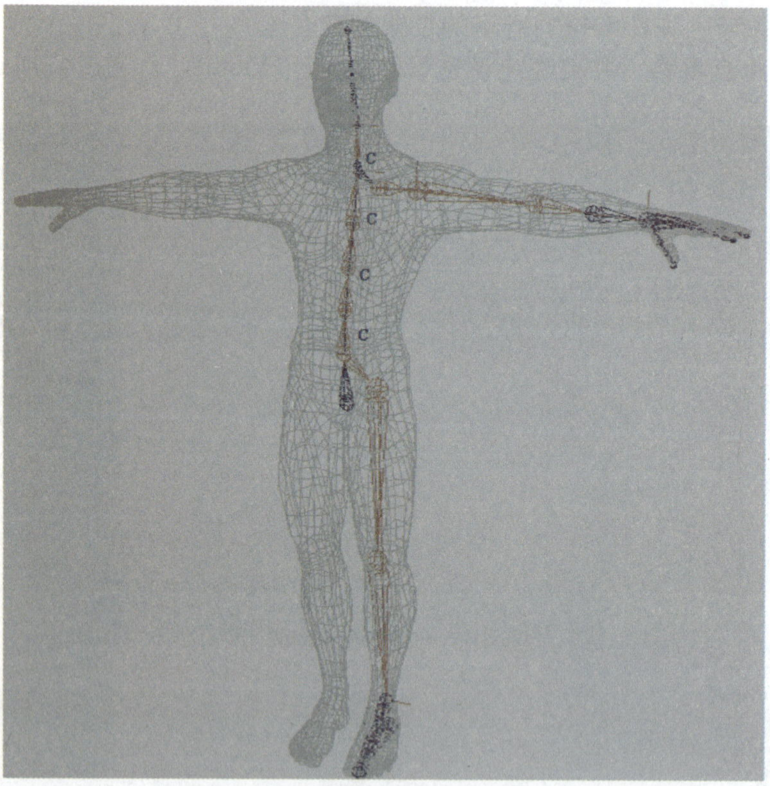

图5.45　骨骼系统的左半部分

STEP 4

整套骨骼的左半部分全部完毕，右半部分无需重新建立，只需要使用Mirror Joint［镜像关节］就能快速完成。

Mirror Joint［镜像关节］工具在第三章已经介绍过，这里需要更加深入的学习。打开Mirror Joint的选项盒：Skeleton→Mirror Joint→❐，如图5.46所示。

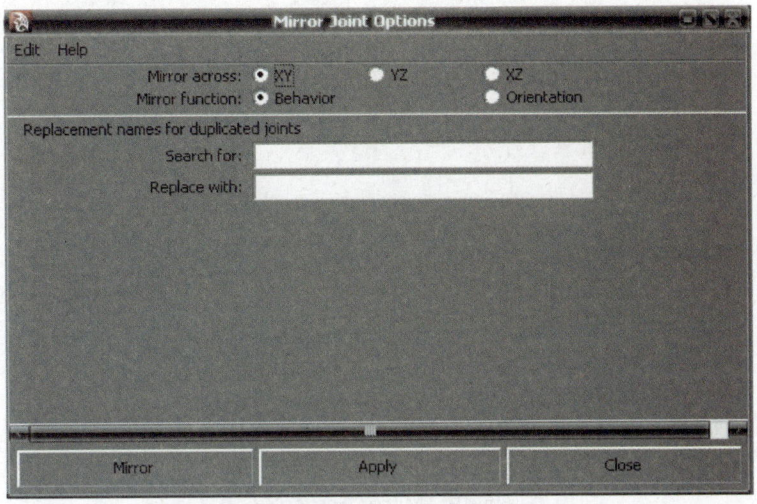

图5.46 Mirror Jonit Option

Mirror across［镜像另一侧］这个选项可以理解为镜像的平面，以Maya场景空间中的xyz坐标为基准，分为XY、YZ、XZ三种类型，每种类型都作为一个镜像的平面。图5.47至5.49所示的是同一骨骼以三种类型平面镜像的不同。

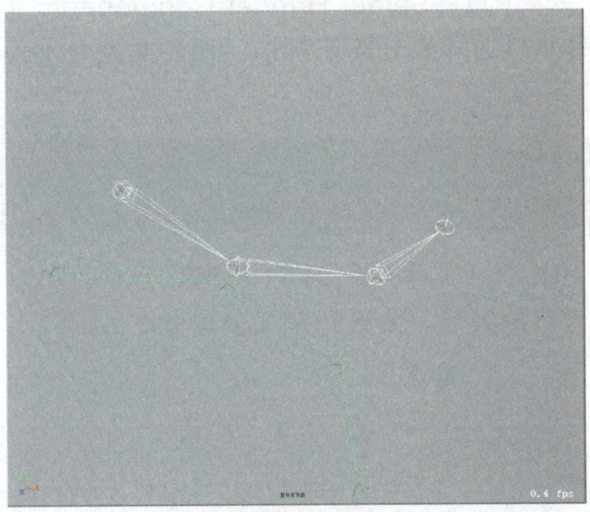

图5.47 Mirror AcrossXY

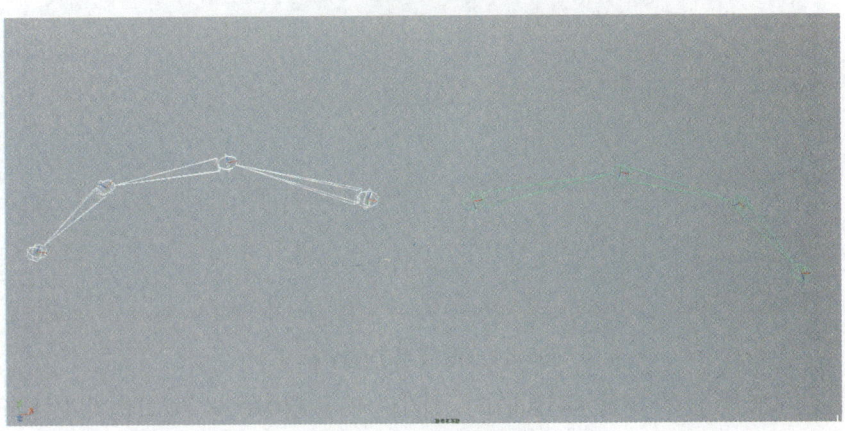

图5.48 Mirror AcrossYZ

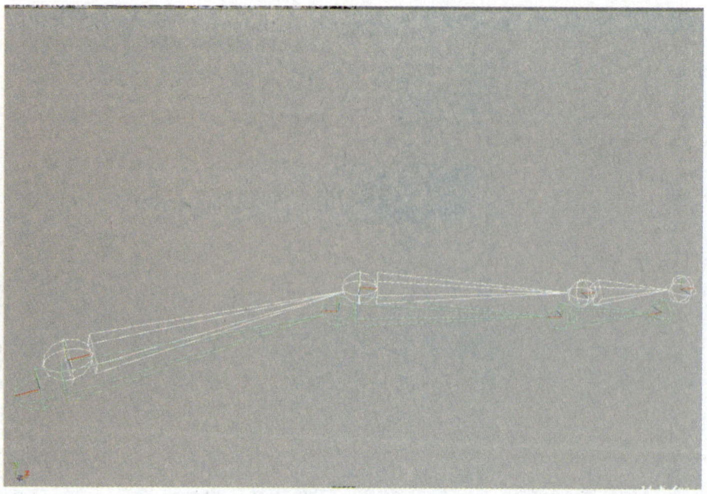

图5.49　Mirror AcrossYZ

针对不同部位的骨骼，要找到相对应的径向平面。

Mirror function［镜像功能］选项可以更改镜像后骨骼中关节自身的坐标。每个关节都有其自身的坐标，坐标的位置直接影响关节的旋转。

首先查看一下骨骼中关节的坐标。在Maya状态栏中，点选Select by Component Type［选择元素类型］，在右面的选项中点开Select Handel Components［选择手柄元素］和Select Miscellaneous Components［选择未分类元素］，两种类型分别为“+”和“？”图标，如图5.50所示。

图5.50　关节元素类型

进入元素级别后选择骨骼的关节，会看到在每个骨节点上都会出现一个坐标轴，如图5.51所示。

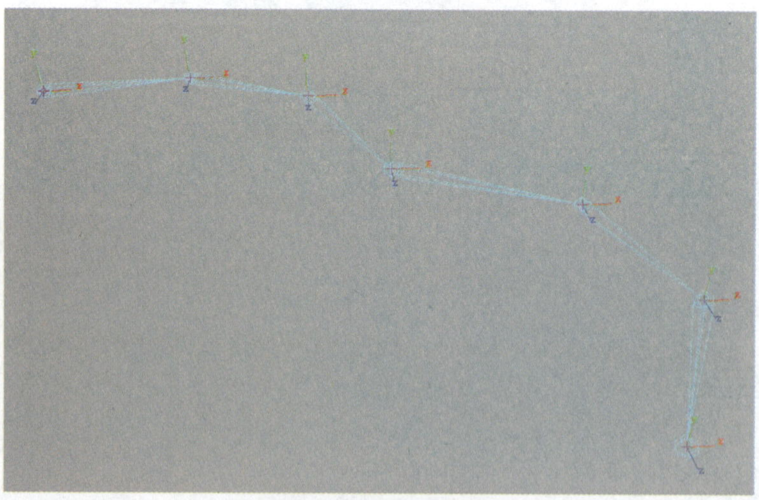

图5.51　骨节点中的坐标

这个坐标可以更加明显的指出旋转轴向，同时使用Rotate Tool也可以修改坐标。Mirror function选项决定了骨骼中关节内部的坐标。

Behavior［相反］选项镜像出的关节与原关节的坐标完全相反，如图5.52所示。

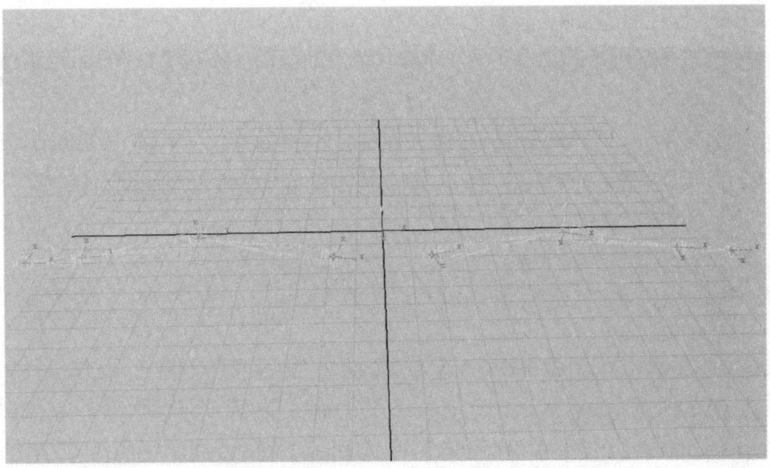

图5.52 Mirror Function Behavior

Orientation［顺应］选项所镜像的关节与原关节的坐标完全一致，如图5.53所示。

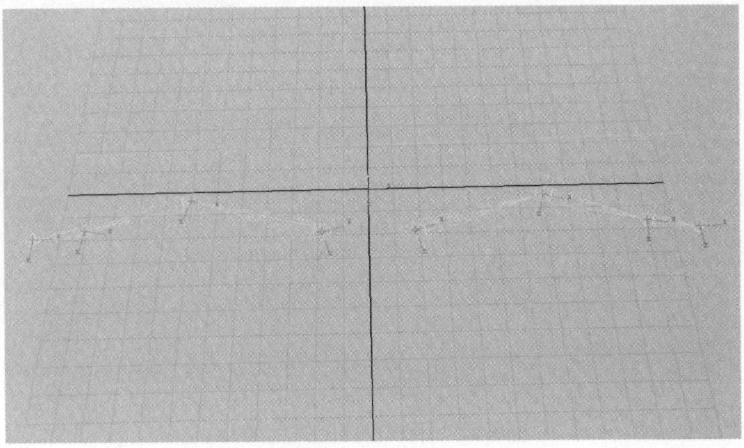

图5.53 Mirror Function Orientation

Search for［查找］和Replace with［替换为］分别代表镜像后需要更改的名称和重命名。

镜像骨骼工作从腿部开始。

选择左侧腿部骨骼的跟关节L_Hip执行菜单：Skeleton→Mirror Joint→❐，Mirror Across［镜像另一侧］选择YZ、Mirror Function［镜像功能］选择Orientation［顺应］、Search For［查找］输入"L"、Replace With［替换为］输入"R"。右侧的反转脚骨骼也使用同样的方法镜像，并且所有命名为"L"的关节都会在镜像以后被重命名为"R"，所有的约束关系需要重新建立，如图5.54所示。

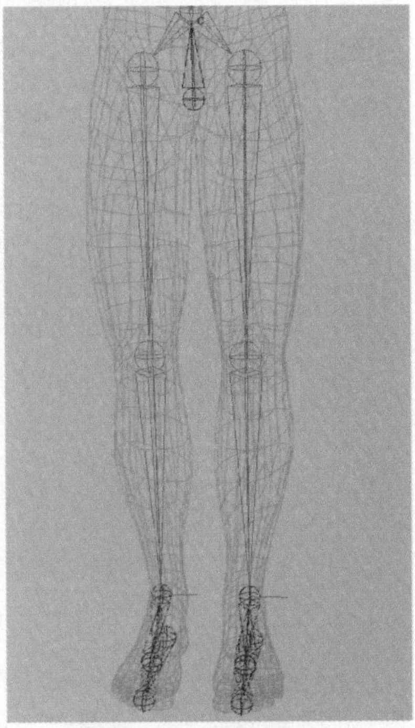

图5.54 腿部骨骼镜像

对于腿部骨骼的镜像也可以使用复制命令Duplicate。

选择腿部骨骼的跟关节和反转脚骨骼执行菜单Edit→Duplicate→❐，勾选Duplicate Input Graph［复制输入节点网络图表］选项，执行命令时，所有约束或驱动关键帧都可以被复制过来。再修改复制以后腿部骨骼的跟关节和反转脚的Translate X为负值。

这种方法虽然可以快速的复制约束或驱动关键帧，但是也存在弊端：无法直接重命名，需要手动修改每个关节的名称。因此对于这种方法一定要慎用。

手臂骨骼的镜像方法同腿部基本相同，Mirror function选项对于Behavior和Orientation依据个人习惯而定。

与腿部骨骼的结构不同，手臂骨骼是在X轴向上延伸的，不论是Behavior还是Orientation都无法使镜像完成后的关节坐标完全正确，镜像完成后仍需做细致的调整。选择Orientation可以减少调整工作。

STEP 5

下面使用Mirror function的Orientation选项镜像左侧手臂骨骼。镜像后的IK要重新设置。

在状态栏中，点选Select by Component Type［选择元素类型］，在右面的选项中点开Select Handel Components［选择手柄元素］和Select Miscellaneous Components［选择未分类元素］。选择两侧手臂的骨骼可以看到两个手臂骨骼的关节坐标的不同，如图5.55所示。

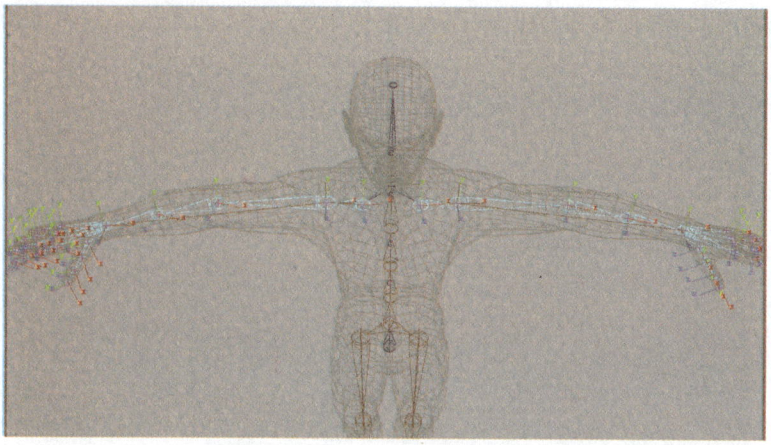

图5.55　手臂骨骼的关节坐标

右侧手臂骨骼的关节坐标对左侧处于完全一致的状态，虽然很多关节的Y轴基本正确，但是X和Z轴向需要重新做调整。在元素状态下，使用Rotate Tool对需要调整的关节坐标进行旋转调整。调整过程可以参考左侧手臂，如图5.56所示。

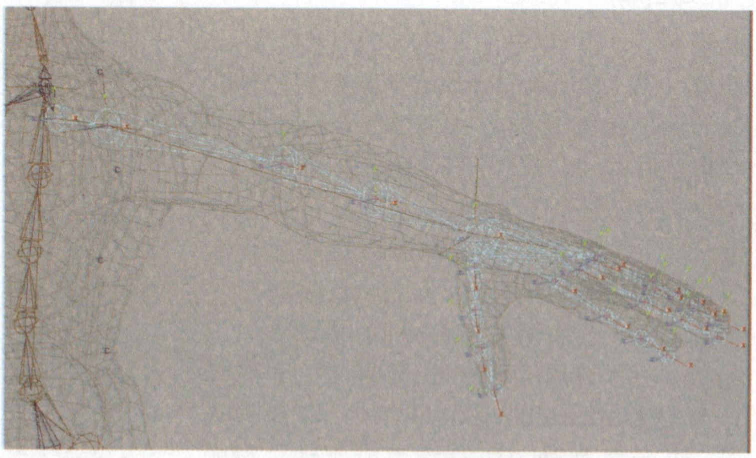

图5.56　左侧手臂骨骼的关节坐标

调整坐标可以先从手部开始。按照左侧，注意分析坐标对关节旋转的效果，手指的弯曲最好都以Z轴向旋转。调整效果如图5.57所示。

最后调整整个右手臂骨骼的关节坐标，如图5.58所示。

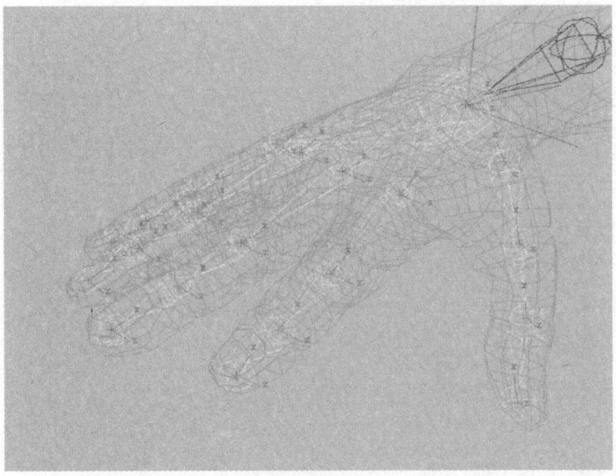

图5.57 右侧手部骨骼的关节坐标

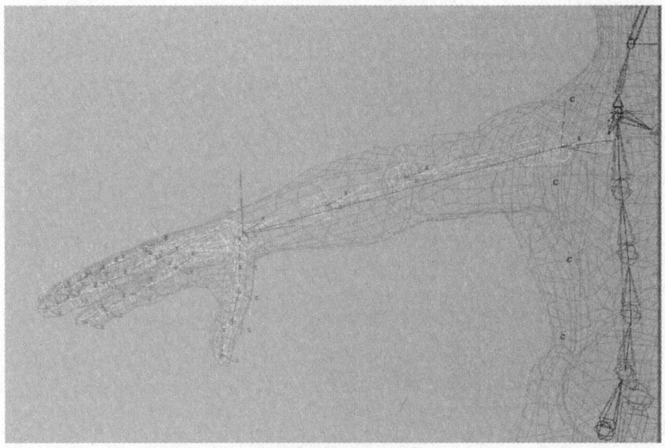

图5.58 右侧手臂骨骼的关节坐标

整个手臂部分的调整完成，如图5.59所示。

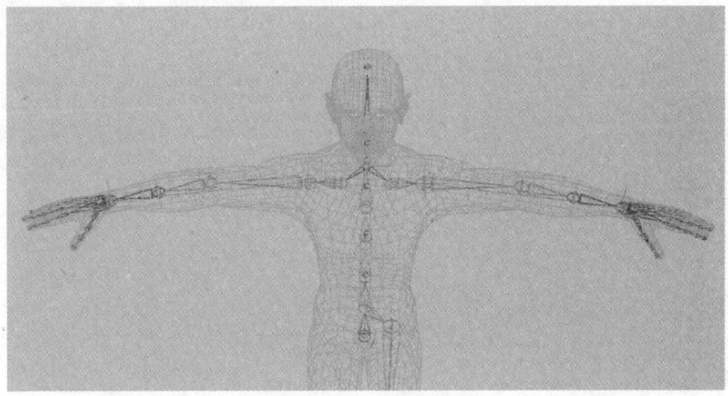

图5.59 手臂骨骼

此时整个身体的骨骼创建完毕，在创建过程中一定要注意骨骼中每个关节的坐标以及命名，Set Up的工作非常严谨，骨骼的设置直接影响后面控制器的建立。

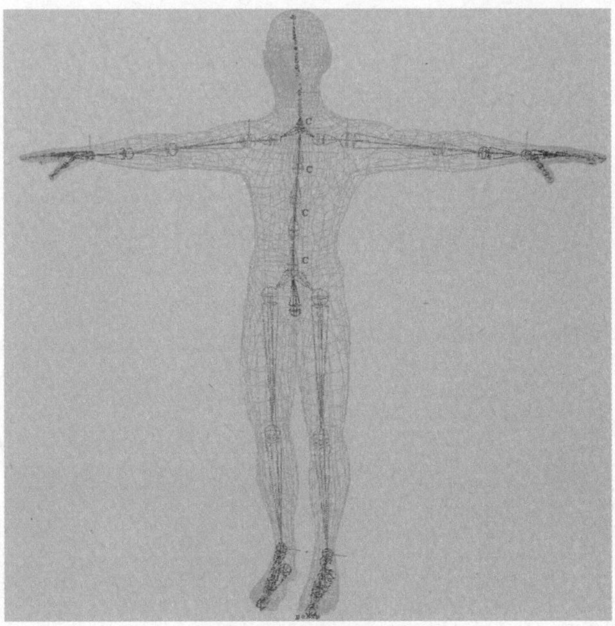

图5.60 人体骨骼系统

本章小结

本章讲解了搭建角色骨骼的方法。骨骼的每个关节都要严格命名，对于关节本身错误的旋转坐标要及时纠正，否则骨骼会出现不正确的运动。作用在关节上的IK手柄发挥了骨骼运动的多样性。正确理解IK的概念以及搭建人体骨骼的用法。

任务分析

骨骼中的每个关节都发挥着它们的作用，任何一个关节的设置都不能疏忽。关节是构成骨骼的组成元素，每个关节都要严格按照解剖学命名。这不仅是一个良好的习惯，也是工作流程中为后续工作进行的服务。

复习思考题

以本书中角色模型为对象，搭建一套完整的骨骼。

第6章　实例操作——建立控制器

Maya的骨骼系统虽然很完善，但是在控制方面也存在一些问题。

在设置关键帧方面：直接选择骨骼的关节旋转尽管可以进行运动，但是这样的控制是不专业的。因为骨骼的每段关节都不是0状态，并且骨骼的关节物体不能使用Freeze Transformations［冻结变换］进行归零，设置关键帧动画时也会出现无法找到骨骼的初始位置进行动作的对比的情况。

在选择方面：骨骼都是位于模型的内部的，骨骼的关节众多，在选择时也会带来很多的不便。

针对上述的这些问题，引入“控制器”这个概念。

控制器基本都是线性的，例如，一个NURBS的Circle［圆环］或者一条Curve。基于Maya内置或外置的渲染器在渲染曲线物体时都为不可见状态，因此控制器一定要以线性物体为类型。

控制器是直接建立在骨骼的关节或IK Handle上的，它的作用是控制IK、关节或者某一部位的运动。尽量将控制器的体积做大、对每个控制器的控制范围都命名，这样可以方便动画师在控制角色的运动时直接选择控制器进行调整。

上一章所建立的骨骼系统虽然已经完成，但是由于缺少控制器，因此这套骨骼还不够完整，是一套“裸露”的骨骼。下面的工作是要添加控制器，未添加控制器的人体骨骼如图6.1所示。

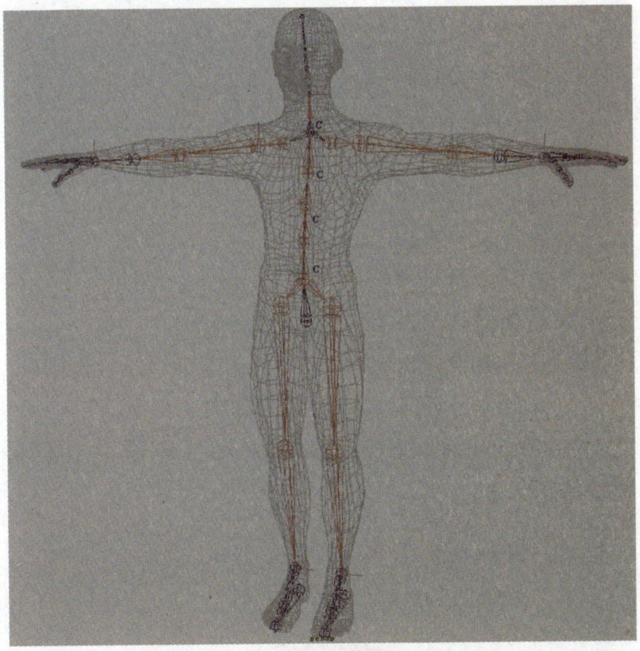

图6.1　未添加控制器的人体骨骼

【学习目标】

本章学习内容是为角色的骨骼添加控制系统，通过本章的学习要掌握控制器的创建、修改和建立控制关系。控制器和骨骼的关节一样需要严格命名。掌握了控制器的工作流程就可以正确的控制骨骼的运动。

6.1 绘制控制器

控制器是需要手动创建的，所使用的工具一般为NURBS的线性物体、CV Curve Tool［CV曲线工具］或者EP Curve Tool［EP曲线工具］。在使用这些工具绘制控制器时控制器一定要大于模型的表面，这样便于控制器的选择。

NURBS线性物体作为控制器时，会经常使用到NURBS Circle［NURBS圆环］，通过修改Circle的Control Vertex［控制点］可以得到很多种形状，图6.2显示了三种形状。

图6.2 Circle控制器

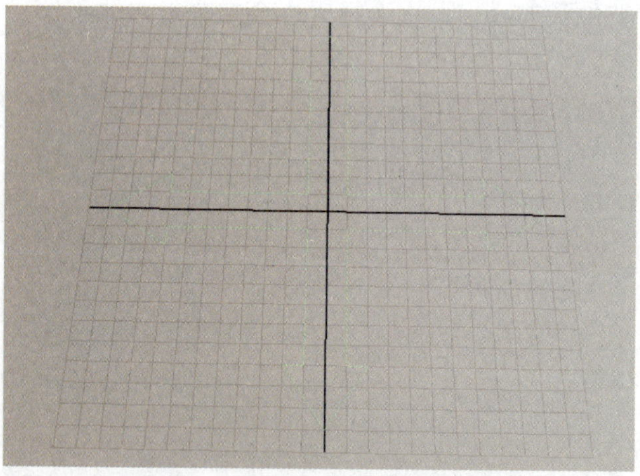

图6.3 线性控制器1

控制器的设计以美观、简洁明了、实用为宗旨。可以根据不同的部位设计不同形状的控制器。使用CV Curve Tool［CV曲线工具］或EP Curve Tool［EP曲线工具］进行绘制时，需要更改Curve degree［曲线平滑度］为1 Linear［线性］，以方便绘制直线。图6.3所示的控制器带有指向性，一般用作控制根关节。

绘制控制器时可以借助网格的优势进行吸附创建，这样可以得到更好的效果。通过Edit NURBS菜单下的Project Curve on Surface［投射曲线到曲面］和Edit Curve菜单下的Duplicate Surface Curve［复制曲线到曲面］命令，可以生成立体的控制器，如图6.4和图6.5所示。

图6.4 线性控制器2

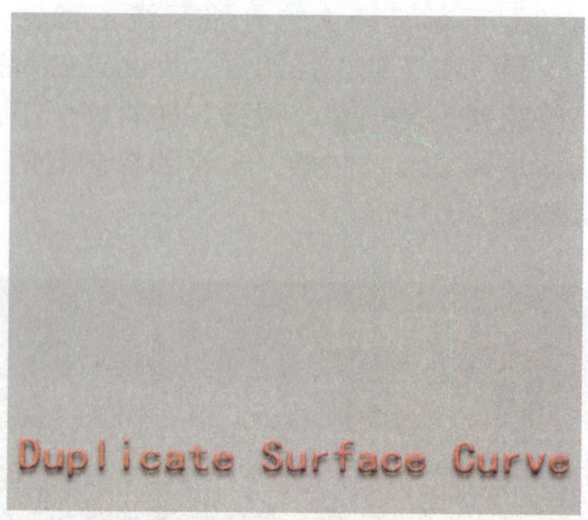

图6.5 线性控制器3

同样也可以利用吸附点模式，利用曲线对一个几何体描点，创建出立体的控制器，如图6.6所示。

图6.6 线性控制器4

控制器的形状多种多样，主要还是要让动画师在调节动作的时候能够明确每个控制的作用。

6.2 添加腿部控制器

腿部的控制器控制包括脚部和膝盖部。控制脚部的运动，包括脚面弯曲、翘脚尖、翘脚跟以及膝盖的转动等动作。

STEP 1

首先绘制一个脚部的控制器，控制器的形状可以按照模型的脚型绘制，并把控制器的轴心点移动至脚腕关节（L_Ankle）的位置，如图6.7所示。

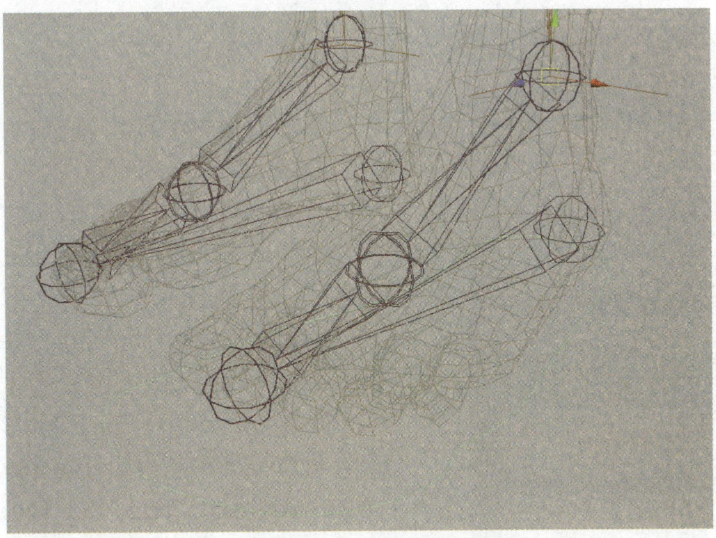

图6.7 脚部控制器

STEP 2

对控制器的位置和轴心点调整完毕时一定要选择控制执行菜单Modify_Freeze Transformations，为控制器清零，使其在该位置时处于初始状态。

STEP 3

将这个控制器重命名为“L_FootControl”。选择控制器L_FootControl，打开菜单Modify［修改］_Add Attribute［添加属性］，如图6.8所示。

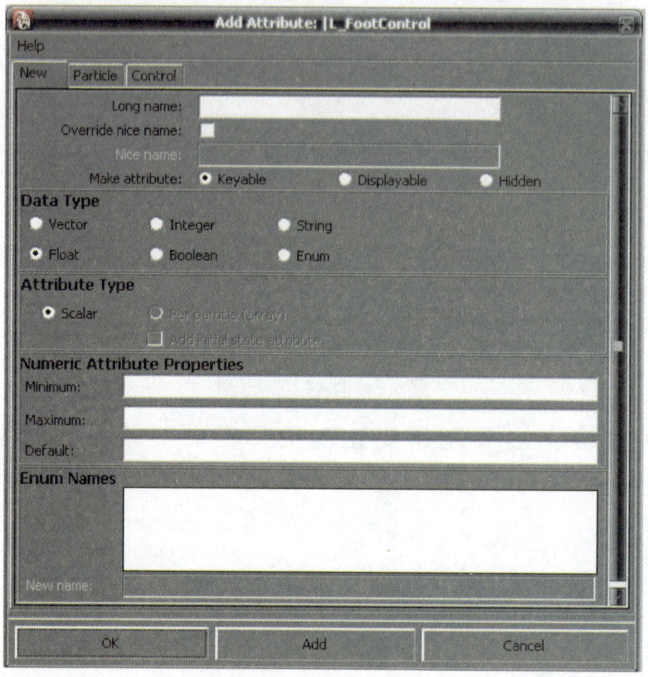

图6.8　Add Attribute

Long Name输入需要添加属性的名称：L_FootRoll；在面板下部分别在Minimum［最小值］、Maximum［最大值］和Default［默认］行输入：-5、10和0。三个数值分别代表该属性在三种情况下的参数，点击OK完成添加。

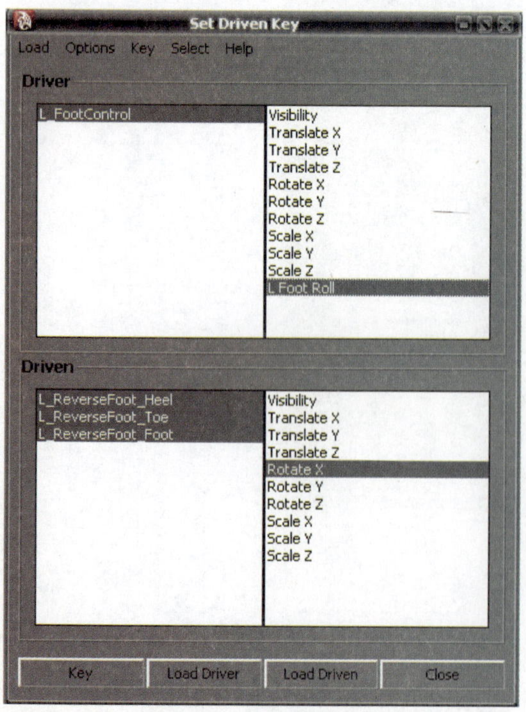

图6.9　设置脚部驱动

STEP 4

添加L_Foot Roll属性的意义是建立驱动关键帧，驱动脚部的运动。执行菜单Animate→Set Driven Key→Set。在弹出的Set Driven Key面板中，选择L_FootControl，点击Load Dirver［载入驱动］；选择反转脚关节L_ReverseFoot_Heel、L_ReverseFoot_Foot和L_ReverseFoot_Ankle点击Load Dirven［载入被驱动］。

点亮Dirver栏中L_FootControl的L_FootRoll属性和Dirven栏中L_ReverseFoot_Heel、L_ReverseFoot_Toe、L_ReverseFoot_Foot的Rotate X属性，如图6.9所示。

在驱动物体和被驱动物体的驱动属性都为0的时候，点击面板左下方的“Key”，为默认状态插入一个驱动关键帧。

下面设置脚部三种状态时的驱动关键帧。

在L_FootControl的L_FootRoll属性为-5、L_ReverseFoot_Heel的Rotate X属性为-30时，点击Set Driven Key面板左下方的“Key”。

在L_FootControl的L_FootRoll属性为5、L_ReverseFoot_Foot的Rotate X属性为50时，点击Set Driven Key面板左下方的“Key”。

在L_FootControl的L_FootRoll属性为10、L_ReverseFoot_Toe的Rotate X属性为40，点击Set Driven Key面板左下方的“Key”。

图6.10至图6.13所示的是脚部控制器L_FootControl的L_FootRoll属性从-5至10时，整个脚部的运动。

图6.10　L_FootRoll=-5

图6.11　L_FootRoll=0

图6.12　L_FootRoll=5

图6.13　L_FootRoll=10

STEP 5

再为膝盖的转动做一个控制器，首先绘制一个如图6.14所示的控制器。

图6.14　膝盖控制器

STEP 6

将控制器重命名为“L_KneeControl”，调整控制器的位置，如图6.15所示。

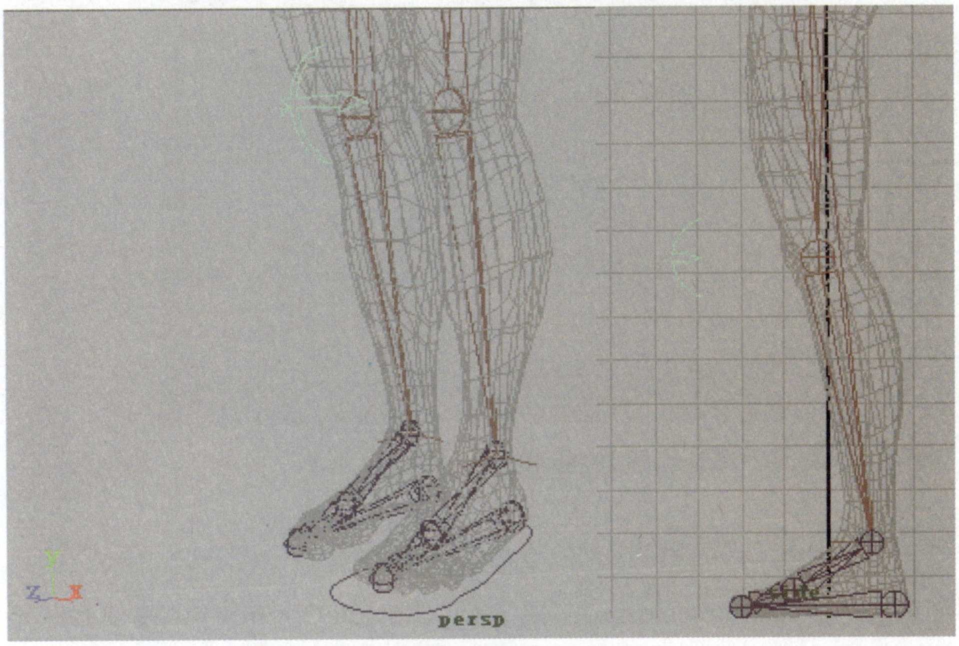

图6.15 调整膝盖控制器

STEP 7

将L_KneeControl进行冻结变换，选择L_KneeControl，Shift加选脚部的IK手柄ikHandle_L_Foot，执行菜单Constrain_Pole Vector。这时，控制膝关节的控制器L_KneeControl就可以控制左侧膝关节的转向了。

右脚控制器的添加方式和左脚相同，可参考本节的相关内容。

6.3 添加手臂部分控制器

手臂的运动控制比起腿部的运动控制更加具有技术上的含金量。

在一般角色的设置中，都会添加手臂运动Inverse Kinematics和Forward Kinematics控制的切换。

人体手臂的正向运动和反向运动丰富了角色动画拟人的效果，在一套角色的骨骼控制中不能只有IK，也不能只有FK。例如，设置手拿物体的动作可以使用IK控制，而保持大臂和小臂夹角不动，作摆臂运动时则需要用到FK来控制。IK和FK永远都是并存的。

当然腿部和躯干的控制也有IK和FK的存在，设置一套角色时一定要根据角色在整个剧本中的动作来完成。如果角色所演出的镜头中，身体某一部位没有正向或者反向运动，则可以忽略FK或IK的控制，这样可以避免工作量的增加。

6.3.1 建立肩膀部分控制器

STEP 1

首先为左肩关节的IK（ikHandle_L_Clavicle）设置一个控制器，绘制如图6.16所示。

图6.16　肩膀控制器

STEP 2

将其重命名为“L_ ClavicleControl”。为L_ ClavicleControl控制器添加一个新的属性为“ClavicleTwist”，这个属性不用设置最大值和最小值。调整L_ ClavicleControl控制器的位置，如图6.17所示。

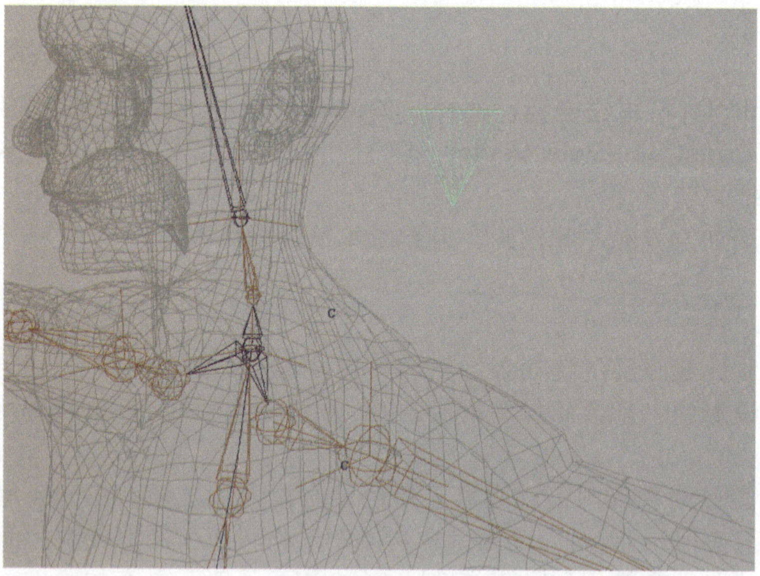

图6.17　调整肩膀控制器

STEP 3

将L_ ClavicleControl控制器的轴心点调整至ikHandle_L_Clavicle的轴心点处，冻结L_ ClavicleControl控制器的变换。

选择L_ ClavicleControl控制器，Shift加选ikHandle_L_Clavicle的IK手柄，执行菜单：Constrain→Point，建立控制和IK手柄之间的约束关系，这时移动L_ ClavicleControl控制器时会看到肩膀关节跟随控制器的移动而产生运动。

STEP 4

L_ ClavicleControl控制器除了控制肩膀关节的移动之外还需要控制肩膀的旋转。建立这个关系时不能直接用控制器约束IK手柄的旋转，因为单纯旋转IK手柄是不能带动关节旋转的。而IK手柄的属性Twist［扭动、旋转］则可以控制IK手柄作用下关节的旋转。

执行菜单Window→General Editors→Connection Editor。选择L_ ClavicleControl控制器，在Connection Editor面板左侧的Outputs［输出］上部点击Reload Left［重新载入左侧］；选择ikHandle_L_Clavicle的IK手柄，点击右侧的Inputs［输入］上部点击Reload Right［重新载入右侧］。在两个节点栏中分别点亮左侧的ClavicleTwist和右侧的Twist。

这样就会建立起两个属性的连接。这个连接关系是左侧的Outputs节点控制右侧的Inputs节点。当调整Outputs节点栏中的属性时，右侧Inputs节点栏中的属性会跟随变化，如图6.18所示。

这时调整L_ ClavicleControl控制器的ClavicleTwist属性时，会看到ikHandle_L_Clavicle的Twist也会有相同的参数变化，并且会带动整只手臂水平旋转。

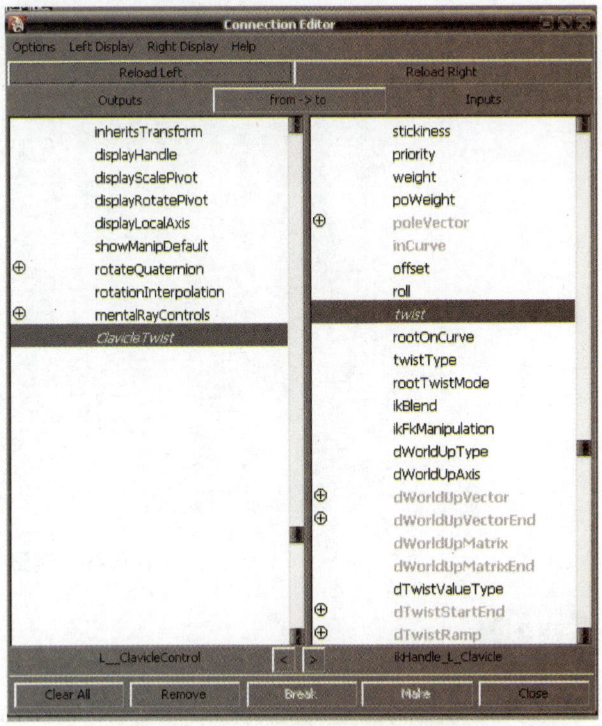

图6.18　建立控制器和IK的连接

6.3.2　建立手部控制器

手部的控制器的作用主要是控制IK、手指和手腕等关节的运动。

1．手部IK控制

STEP 1

首先使用曲线绘制一个立方体样式的控制器，用来控制手部的IK运动，如图6.19所示。

图6.19　绘制手部IK控制器

STEP 2

调整控制器至左手手腕处，利用捕捉点模式更加准确。定位后冻结控制器的变换属性，如图6.20所示。

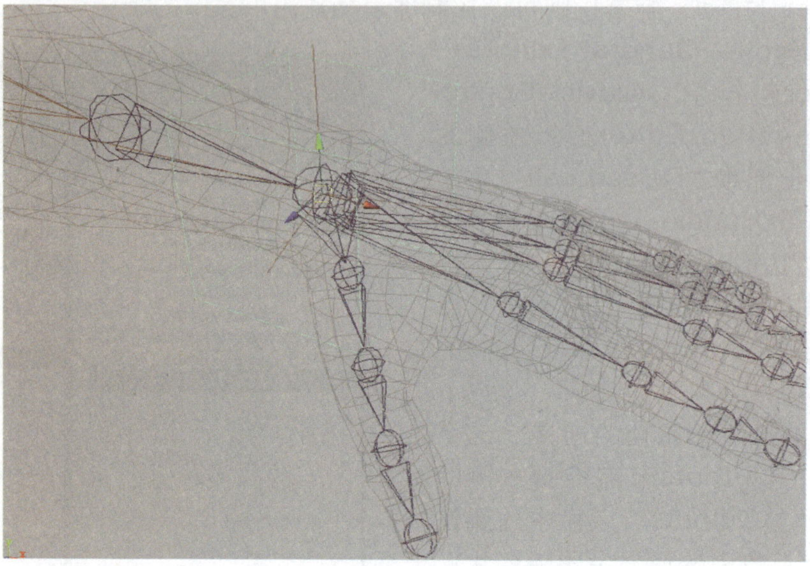

图6.20　调整手部IK控制器的位置

STEP 3

手部IK控制器重命名为"L_IK_HandControl"。选择L_IK_HandControl控制器，Shift加选手部IK(ikHandle_L_Hand)，执行菜单Constrain［约束］→Point［点约束］。

2．建立手部手腕控制器

STEP 1

再次创建以一个圆环作为手腕部分的控制器，以同样的操作调整至手腕处，如图6.21所示。

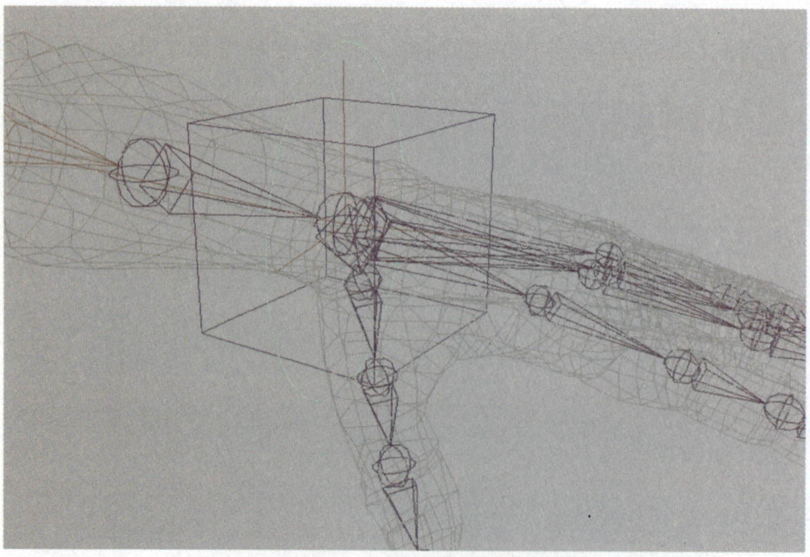

图6.21　创建手腕控制器

STEP 2

将手腕控制器重命名为“L_WristControl”。冻结属性变换后添加五个新的属性，用来控制手指的运动。手指的运动有很多个种类，例如，握拳、手掌张开等，在本案例中仅以手指弯曲为例。

点击L_WristControl控制器，执行菜单Modify［修改］→Add Attribute［添加属性］，添加Thumb_Roll［拇指弯曲］、Index_Roll［食指弯曲］、Middle_Roll［中指弯曲］、Ring_Roll［无名指弯曲］和Pinky_Roll［小指弯曲］五个属性，设置每个属性的Minimum［最小值］、Maximum［最大值］和Default［默认］分别为0、10和0。

STEP 3

执行菜单Animate→Set Driven Key→Set，为手腕控制器添加驱动关键帧。选择L_WristControl控制器，点击Load Dirver［载入驱动］；选择食指关节IndexFinger01、IndexFinger02、IndexFinger03和IndexFinger04，点击Load Dirven［载入被驱动］。选择驱动属性Index_Roll和被驱动属性RotateZ，在L_WristControl的Index_Roll属性为0和10的时候分别调整IndexFinger01、IndexFinger02、IndexFinger03和IndexFinger04的RotateZ属性为0和－90，插入两个驱动关键帧，如图6.22所示。

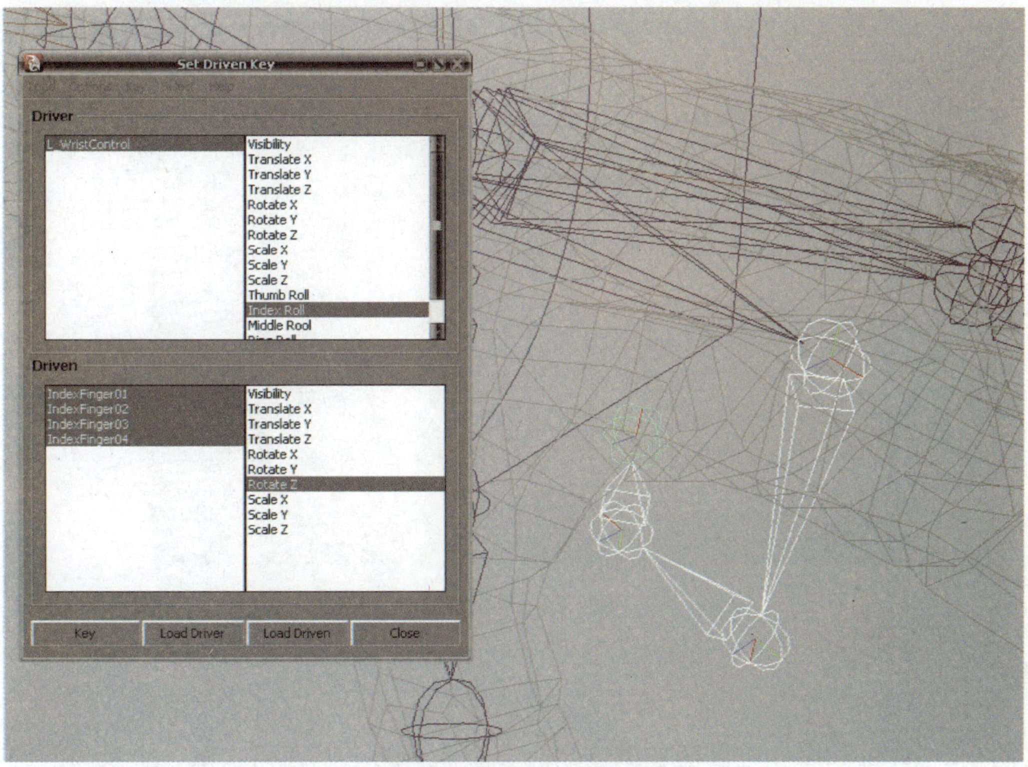

图6.22　设置手指驱动

中指、无名指和小指的驱动方式与食指一致。拇指弯曲的驱动需要在Rotate的X、Y和Z轴向进行，这样拇指在握紧的时候才会自然，如图6.23所示。

手指关节的驱动关键帧一定要对比真实的手部运动，否则作出的动作会十分僵硬。选择L_WristControl控制器，Shift加选关节L_Wrist，执行菜单Constrain→Orient，使控制器能够控制手腕的旋转，如图6.24所示。

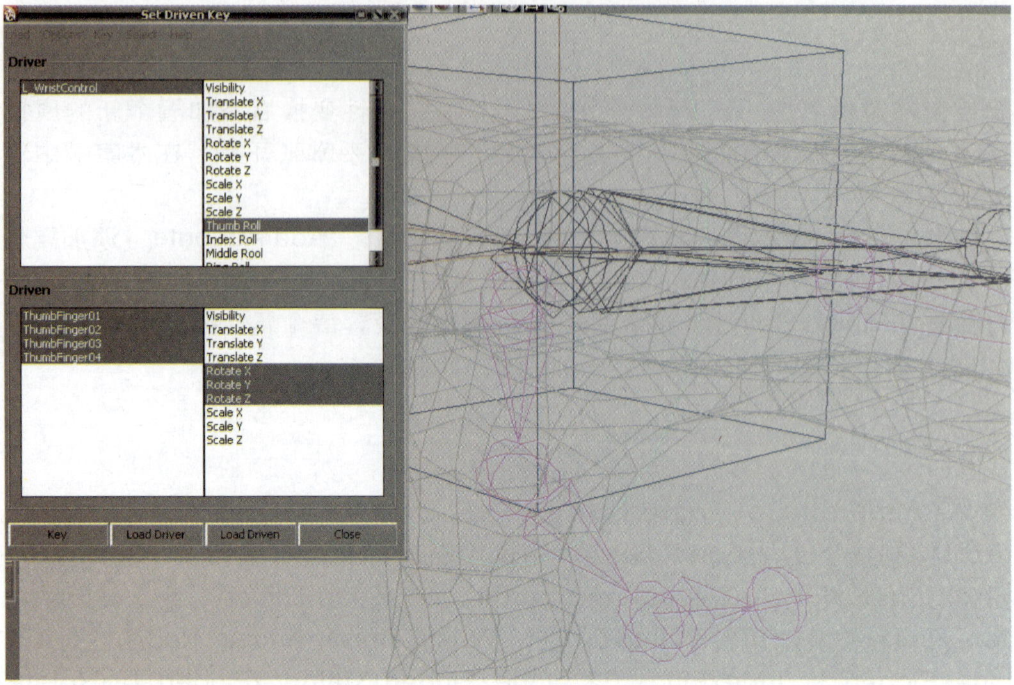

图6.23　设置拇指驱动

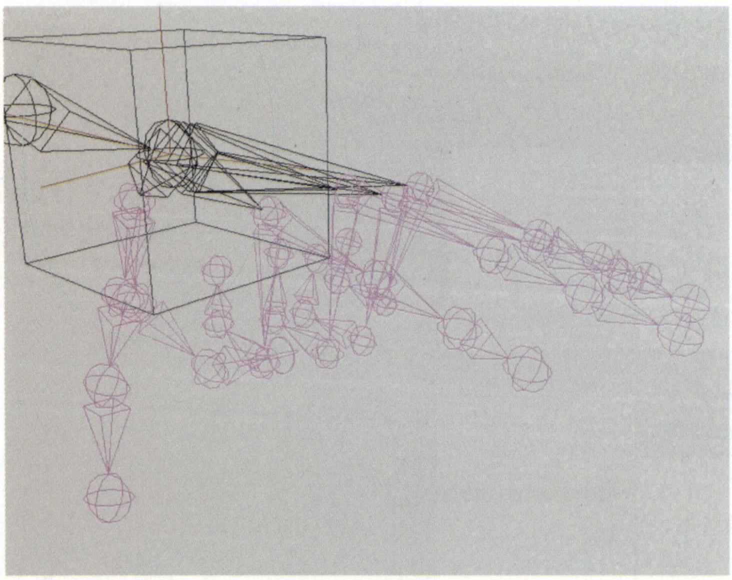

图6.24　手指驱动

STEP 4

为了防止L_WristControl控制器在IK运动时会脱离骨骼，下面再次做一个反向的约束：选择关节L_Wrist ，Shift加选L_WristControl控制器，执行菜单Constrain［约束］→Point［点约束］。

STEP 5

当人类的手腕平行旋转时，会带动前臂一起旋转运动，因此需要建立一个新的关系做出这种效果。选择前臂关节L_Forearm，在通道栏中选中RotateX。在通道栏面板上部选择Edit［编辑］→Expressions［表达式］，如图6.25所示。

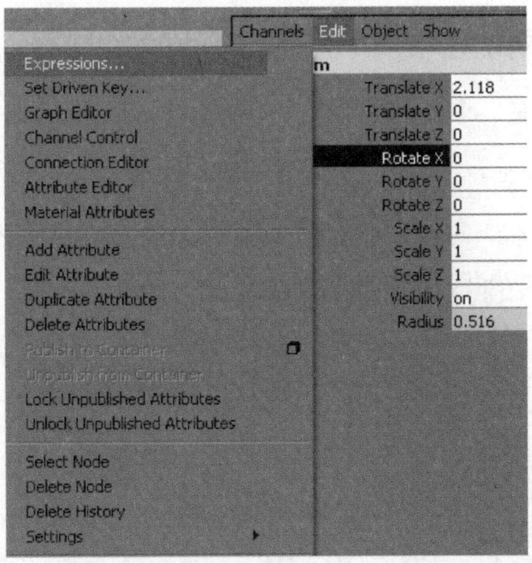

图6.25 创建前臂关节的表达式1

在Expression Editor［表达式编辑器］面板最下端的Expression［表达式］行中输入引号内的公式："L_Forearm.rotateX=L_WristControl.rotateX"，如图6.26所示。

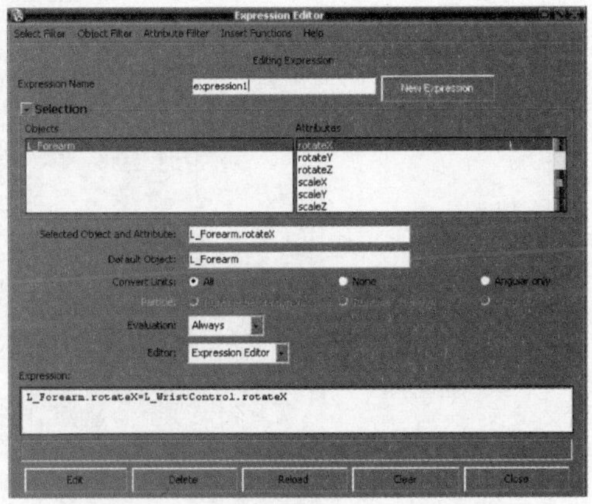

图6.26 创建前臂关节的表达式2

这个表达式代表关节L_Forearm在RotateX属性的参数永远等于L_WristControl控制器在RotateX属性的参数。关节L_Forearm是一个被动关系，而控制器L_WristControl是主动关系。

这时在X轴向上旋转L_WristControl控制器时，关节L_Forearm会产生相应的旋转运动。

6.3.3 建立肘关节控制器

肘关节的建立方式和建立膝关节的控制器相同，控制器的形状可以复制。需要注意的是肘关节控制器一定要位于Elbow关节的正后方，这是为了匹配IK手柄的极向量指针的指向。

将控制器重命名为L_ElbowControl，调整控制器至L_Elbow关节的正后方，冻结控制器通道的变换。选择L_ElbowControl控制器，Shift加选IK手柄ikHandle_L_Hand，执行菜单Constrain［约束］_Pole Vector［及向量约束］。

如图6.27所示，L_ElbowControl控制器可以控制肘关节的运动了。

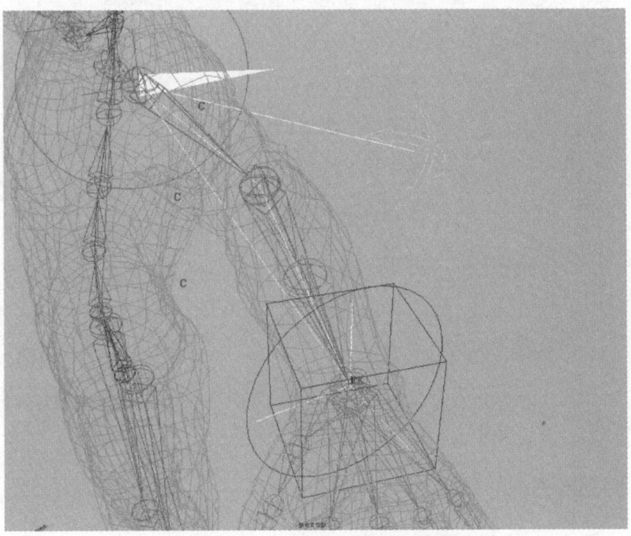

图6.27 创建肘关节控制器

在手臂部分最重要的控制器就是切换IK和FK运动的控制器。

6.3.4　建立FK控制器以及IK、FK的切换

在IK手柄的属性中有一个重要的选项——IkBlend［IK融合］，用于切换IK和FK的控制模式。

这个选项最大值是1，最小值是0。当IkBlend为1时，进入IK控制模式，也就是IK手柄可以正确的运动，但是IK手柄作用下的骨骼不能做自由的旋转运动；当IkBlend为0时，进入FK控制模式，此时IK手柄实效，但是被IK手柄作用下的骨骼可以自由的运动。

STEP 1

建立两个NURBS的Circle，分别重命名为"L_FK_ShoulderControl"和"L_FK_ElbowControl"。开启点捕捉模式，将L_FK_ShoulderControl移动至关节L_Shoulder的轴心点出，将L_FK_ElbowControl移动至关节L_Elbow的轴心点处。创建FK控制器，如图6.28所示。

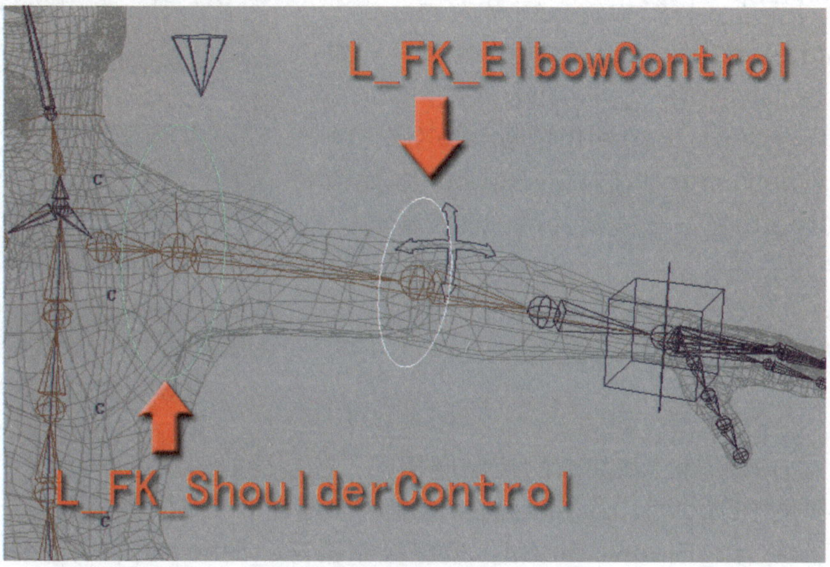

图6.28 创建FK控制器

STEP 2

两个控制器全部冻结变换。为了防止两个控制器在骨骼做IK运动时产生脱离情况，首先要分别建立约束关系：选择关节L_Shoulder，Shift加选L_FK_ShoulderControl控制器，执行菜单Constrain→Point；选择关节L_Elbow，Shift加选L_FK_ElbowControl控制器，执行菜单Constrain→Point，这是固定控制器在骨骼上。FK控制器的跟随效果，如图6.29所示。

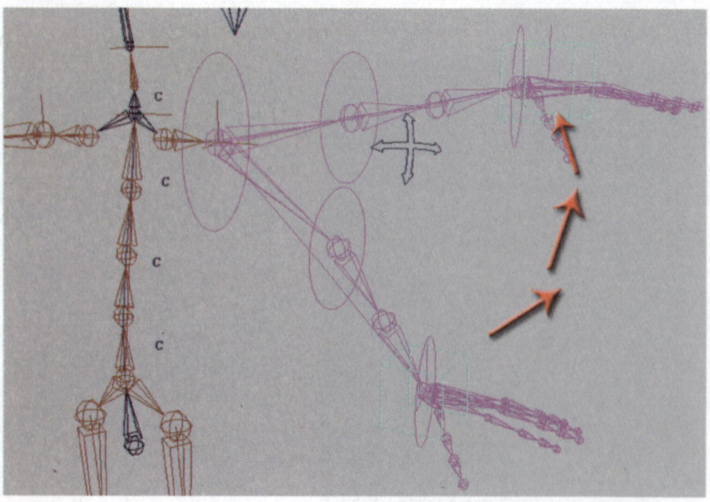

图6.29　FK控制器的跟随效果

STEP 3

建立骨骼对控制器的约束关系并不是最终目的，控制器的作用是要控制骨骼中的关节运动的。下面做一个反向的约束：选择L_FK_ShoulderControl控制器，Shift加选关节L_Shoulder，执行菜单Constrain→Orient；选择L_FK_ElbowControl控制器，Shift加选关节L_Elbow，执行菜单Constrain→Orient。

使用控制器控制关节的旋转运动是FK控制器的根本目的。

用控制器约束手臂关节的旋转可能会出现关节偏移现象，这是因为创建手臂关节时，Joint Tool的Orientation类型为xyz，也就是x轴是指向下一个关节的，所有骨节点上的x坐标并不是平行的。而控制器在做完属性冻结后，坐标会与世界坐标一致。先删除这个旋转约束的节点，取消FK控制器对手臂骨骼关节的旋转约束。

骨节点坐标与控制器的坐标没有一致是导致关节发生偏移的根本原因。当然解决这类问题的方法并不是唯一的。

首先在关节本身上考虑：①可以进入到骨骼元素级别，手动调整骨节点的坐标与控制器一致；②使用Orient Joint工具纠正要建立约束关系的关节坐标为None；③为建立约束关系的关节建立一个空组，每一个组的默认坐标都与世界坐标对齐，因此约束关系可以直接建立在所包含目标关节的组和控制器之间。

其次可以从节点连接的因素考虑：①在表达式中输入理想的公式可以控制任何属性；②使用连接编辑器连接两个物体属性的节点也可以很好的起到控制的作用。

无论是变形、约束、父子关系或者是节点连接等关系的建立都是为了使一个物体的某一个或多个属性控制另外一个物体的一个或多个属性。他们的目的都是控制。

这个案例要使用Connection Editor［连接编辑器］来解决问题。执行菜单Window→General Editors→Connection Editor。选择L_FK_ShoulderControl控制器，在Connection Editor面板左侧的Outputs上部点击Reload Left［重新载入左侧］；选择关节L_Shoulder，点击右侧的Inputs上部点击Reload Right［重新载入右侧］。连接两个物体的Rotate节点，如图6.30所示。

建立起连接后，将ikHandle_L_Hand的IkBlend调整为0。L_FK_ShoulderControl控制器就可以控制关节L_ Shoulder的旋转运动了。L_FK_ElbowControl控制器和关节L_Elbow，的连接方式同上。

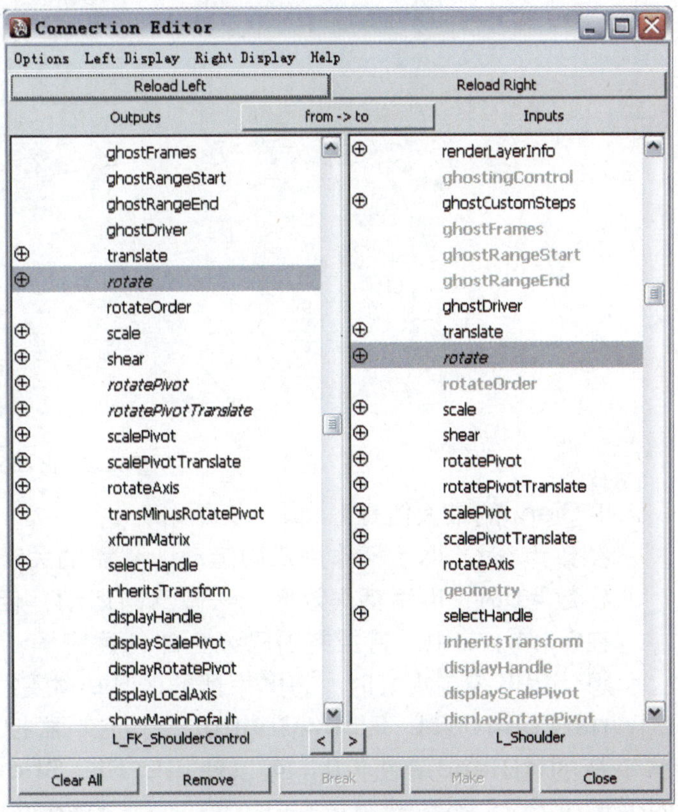

图6.30　FK控制器的连接

6.3.5　切换IK和FK控制模式

1．Ik Blend［IK融合］属性

前面已经提到过：在IK Handle的通道栏中的最下端有一个Ik Blend属性，这个属性决定了

骨骼的运动是正向运动还是反向运动，如图6.31和图6.32所示。

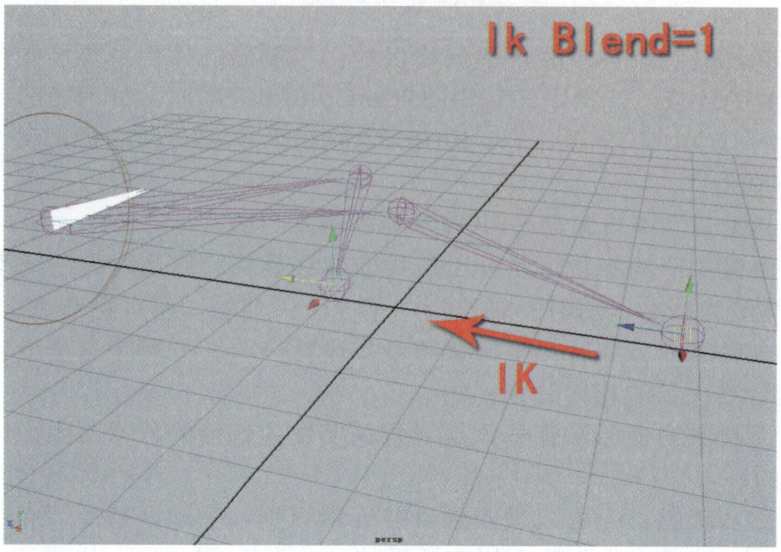

图6.31　Ik Blend=1

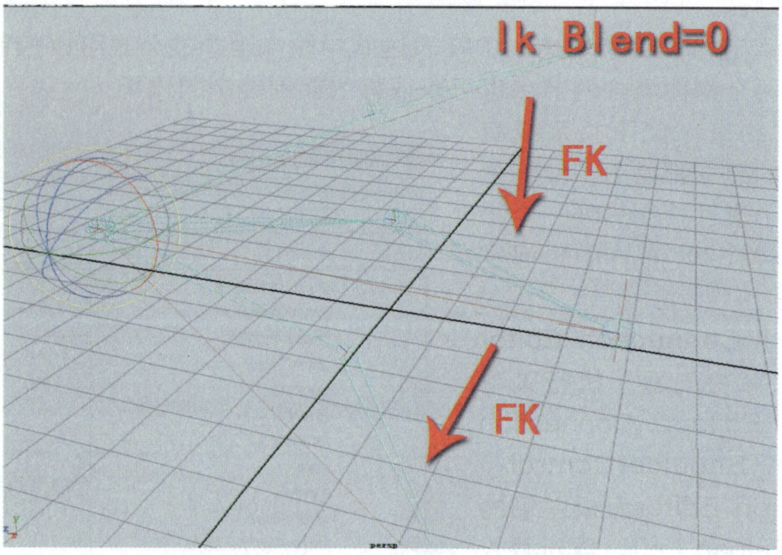

图6.32　Ik Blend=0

Ik Blend的最大值是1，最小值是0。

参数为1时，IK手柄作用反向运动，骨骼的关节不能做旋转运动，也就是FK不可用。

参数为0时，IK手柄失效而无法做反向运动，但是骨骼的关节可以旋转运动，FK可用。

在6.3.4小节中手臂控制器已经全部创建完毕，并且控制器与关节之间的控制关系也已经建立。想使用IK控制模式时，将IK手柄的Ik Blend属性切换为1，就可以通过L_IK_HandControl、L_WristControl和L_ElbowControl三个控制器控制IK的运动；想使用FK控制模式时，切换IK手柄的IkBlend属性为0，可以使用L_FK_ShoulderControl、L_FK_ElbowControl和L_WristControl三个控制器控制FK的运动。L_WristControl是在IK和FK两种控制模式下都使用的控制器，如图6.33所示。

2. 为Ik Blend建立控制模式的驱动

如果每次的切换都要选择IK手柄可能会造成时间上的浪费，可以利用控制器的有利条件完成这个切换。

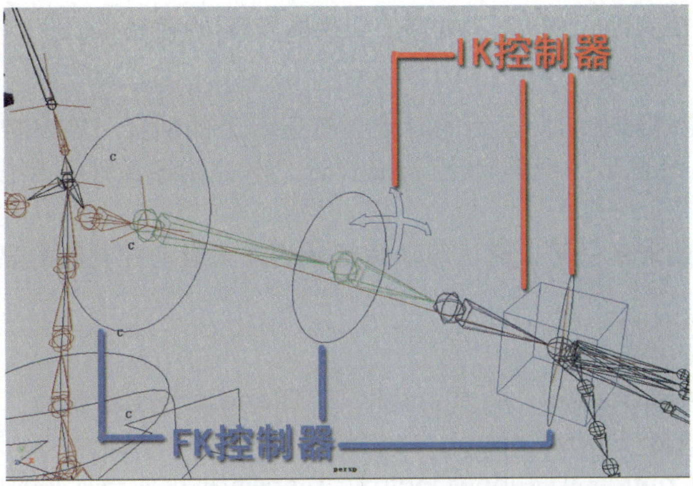

图6.33　IK和FK控制器

选择手腕关节控制器L_WristControl，为其添加一个新的属性：IK FKBlend。设置最大值为10，最小值为0，默认值10，如图6.34所示。

使用新属性控制IkBlend，建立控制器L_WristControl和IK手柄ikHandle_L_Hand之间的驱动关系：控制器L_WristControl的IK FKBlend属性为驱动属性，IK手柄ikHandle_L_Hand的IkBlend为被驱动属性。分别在IK FKBlend为0、IkBlend为0；IK FKBlend为10、IkBlend为1的时候插入两个驱动关键帧，如图6.35所示。

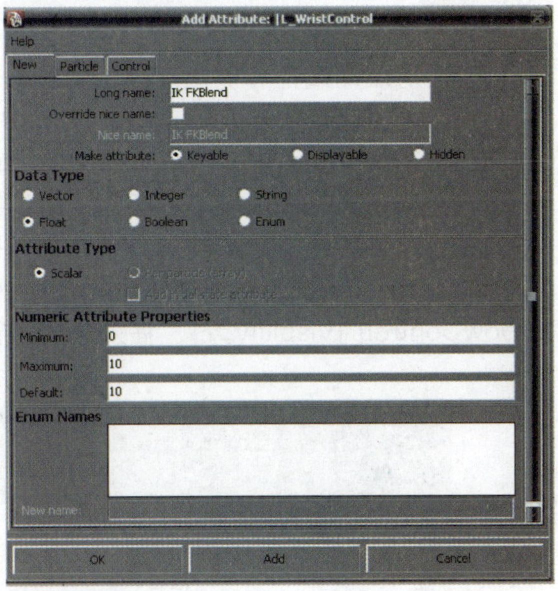

图6.34　IK FKBlend

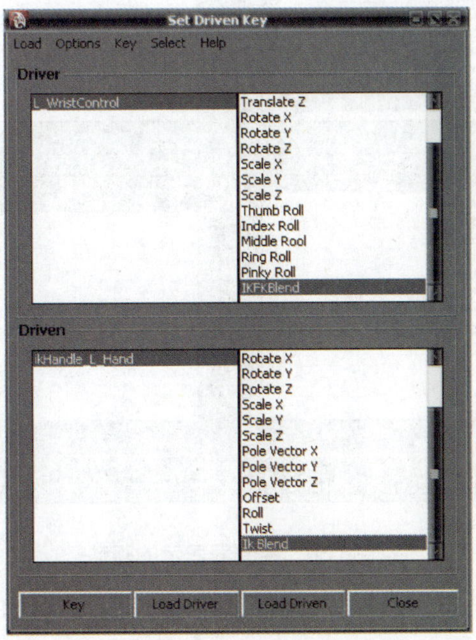

图6.35　IK FK的驱动

这样可以直接在控制器L_WristControl上切换IK和FK的控制模式了。

3．建立显示模式的驱动

IK控制器和FK控制器在切换运用的时候会有显示上的冲突：在IK控制模式时FK控制器虽然不起作用，但是仍然显示；同样FK控制模式时，IK控制器虽然不起作用但也仍然处于显示状态。

为了避免控制器的混乱，可以通过驱动关键帧的方式驱动控制器的显示模式。

STEP 1

选择控制器L_WristControl，将其中的IK FKBlend作为驱动属性；选择FK控制器L_FK_ShoulderControl和L_FK_ElbowControl，将它们的Visbility［可视性］作为被驱动属性，IK的两个控制器L_IK_HandControl和L_ElbowControl的Visbility也被作为被驱动属性。

STEP 2

下面对驱动属性和被驱动属性的参数进行定位。

在驱动属性L_WristControl的IK FKBlend为0时（FK控制模式），被驱动属性FK控制器L_FK_ShoulderControl和L_FK_ElbowControl的Visbility为1时，IK控制器L_IK_HandControl和L_ElbowControl的Visbility为0，插入驱动关键帧。

在驱动属性L_WristControl的IK FKBlend为10时（IK控制模式），被驱动属性FK控制器L_FK_ShoulderControl和L_FK_ElbowControl的Visbility为0时，IK控制器L_IK_HandControl和L_ElbowControl的Visbility为1，插入驱动关键帧，如图6.36所示。

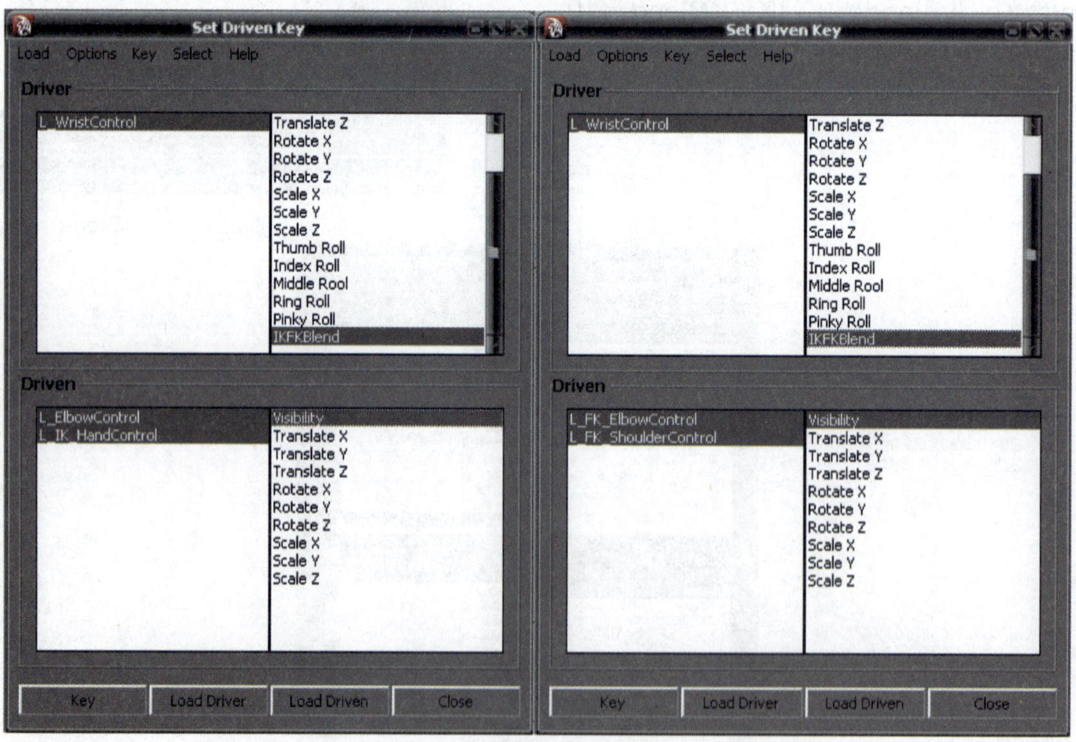

图6.36 控制器显示的驱动

这样在切换两种控制模式的时候，不同的控制模式会显示相应模式下的控制器，为动画的调节带来了极大的便利。

6.4 添加躯干部分控制器

躯干关节是整套骨骼运动的中心，因此所有的运动都要依据躯干关节的形态完成。

躯干关节的重要性在于它的影响范围，角色在行走、跳跃、弯腰等运动时，躯干关节的形状也都是不一样的。在为角色做动作的时候，如果躯干关节的形态存在问题，即使四肢的定位再准确也不能防止错误的出现。

对于躯干的控制，控制器的作用也显得极为重要。在第五章，躯干的关节已经建立完成，并且躯干的曲线IK也创建了四个Cluster［簇］控制手柄，这些Cluster对躯干骨骼的控制尤为关键。躯干控制器的创建从控制Cluster的运动开始。

6.4.1 绘制躯干控制器

STEP 1

躯干部分需要绘制的控制器如图6.37至图6.41所示，可以使用CV Curve Tool或者EP Curve Tool进行绘制，对于闭合状态的控制器可以使用NURBS物体的Circle修改。在绘制完成后要按照图例重命名控制器。

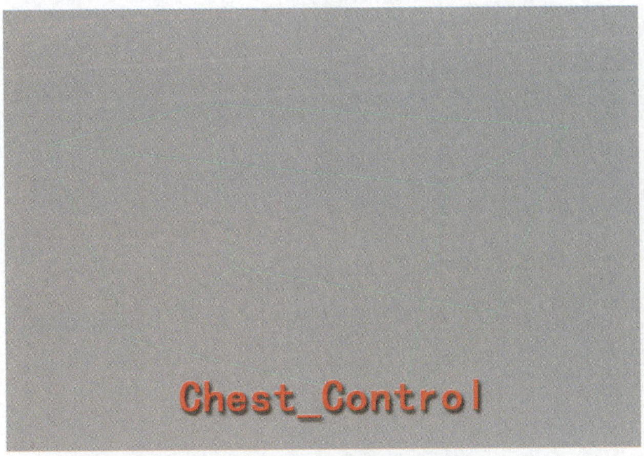

图6.37 躯干控制器Chest_Control

图6.38 躯干控制器Waist_Control

图6.39 躯干控制器Hip_Control

图6.40 躯干控制器Back_Control

图6.41　躯干控制器Root_Control

STEP 2

创建完成后，将控制器摆放在图6.42所示的位置。

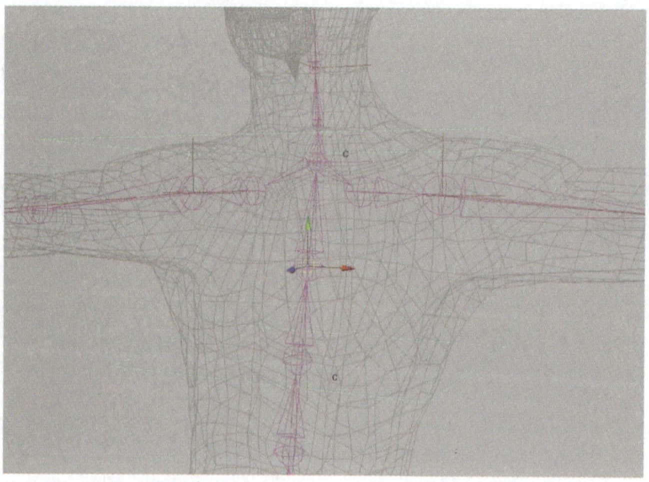

图6.42　Chest_Control位置

把控制器Chest_Control放置在胸部的位置，调整轴心点在关节Back03的位置，如图6.43所示。

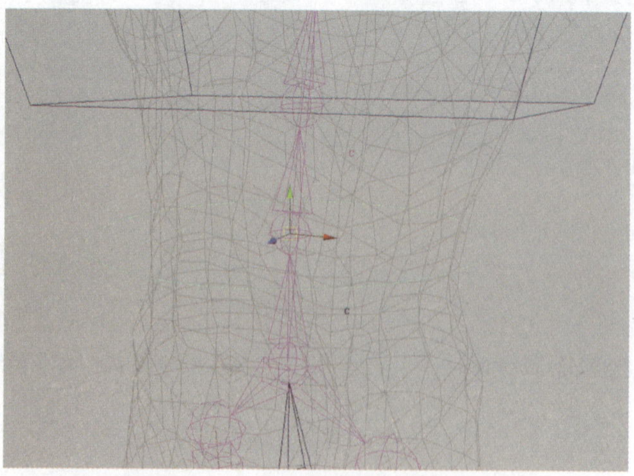

图6.43　Waist_Control位置

把控制器Waist_Control放置在胸部的位置，调整轴心点在关节Back01的位置，如图6.44所示。

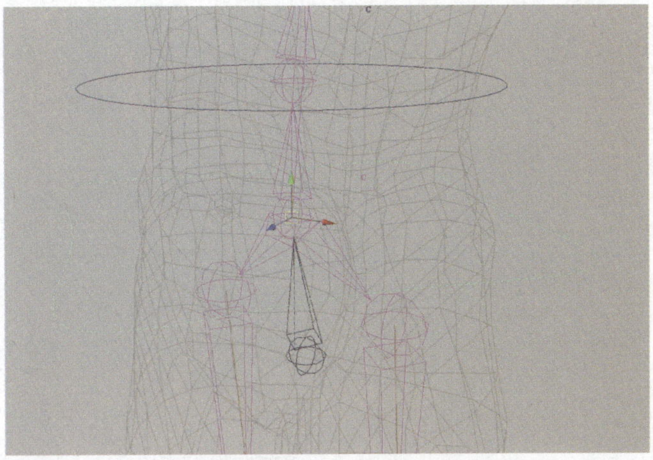

图6.44 Hip_Control位置

把控制器Hip_Control放置在胸部的位置，调整轴心点在关节Hip的位置，如图6.45所示。

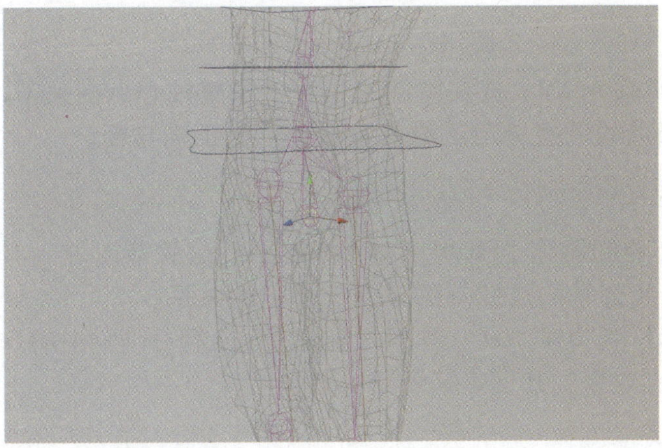

图6.45 Root_Control位置

把控制器Root_Control放置在胸部的位置，调整轴心点在关节Root的位置，如图6.46所示。

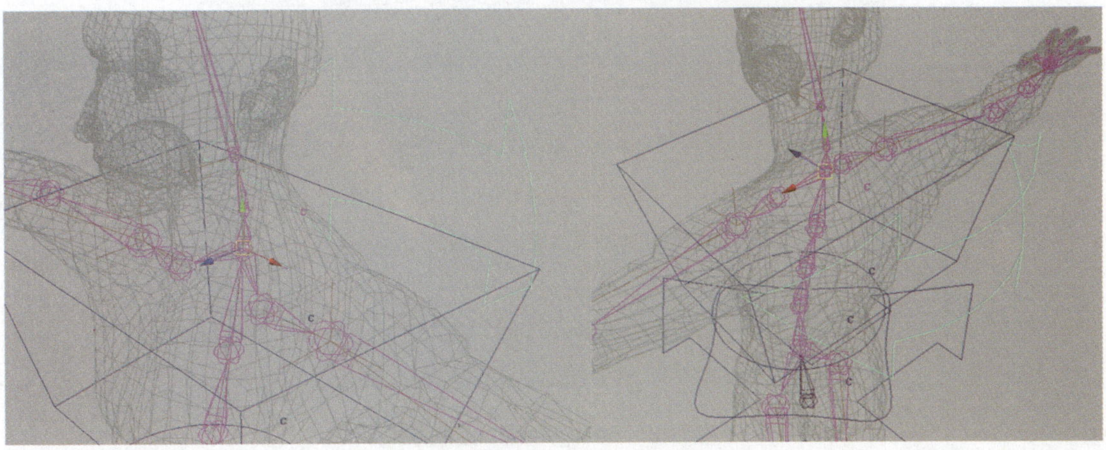

图6.46 Back_Control位置

把控制器Back_Control放置在胸部的位置，调整轴心点在关节Back04的位置，如图6.47所示。

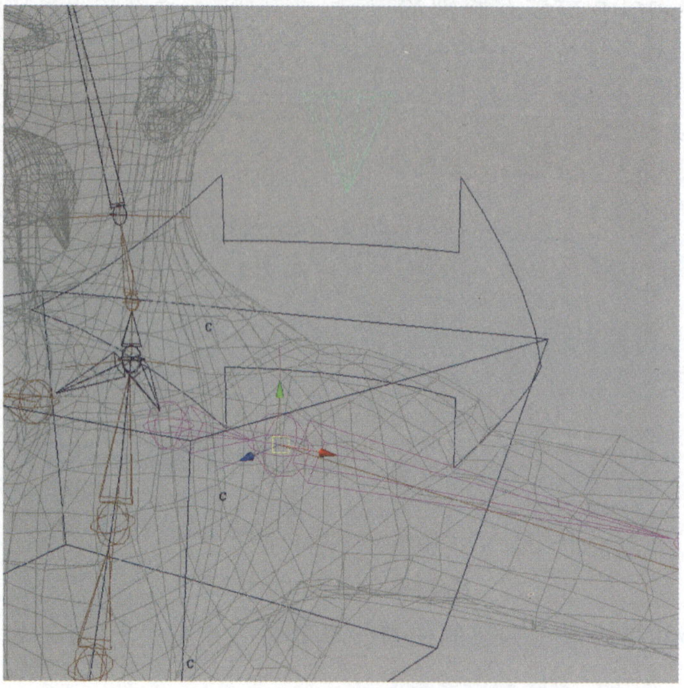

图6.47 L_ClavicleControl位置

把控制器L_ClavicleControl放置在胸部的位置，调整轴心点在关节L_Shoulder的位置。

控制器位置和轴心点的调整决定了约束关系建立的正确与否。

6.4.2 创建控制器与躯干的约束

刚才所建立的六个控制器除了Root_Control控制的是关节以外，其他的五个控制器均作用于控制IK的运动。下面所列举的是控制器与受控部分的关系。

选择控制器Back_Control，Shift加选簇控制手柄cluster_Neck，执行菜单Constrain→Point。控制效果，如图6.48所示。

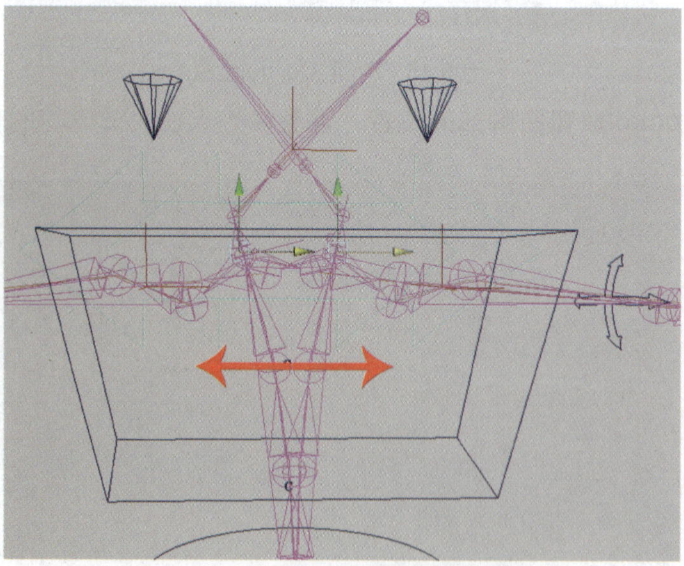

图6.48 Back_Control控制效果

选择控制器Chest_Control，Shift加选簇控制手柄cluster_Chest，执行菜单Constrain→Point。控制效果，如图6.49所示。

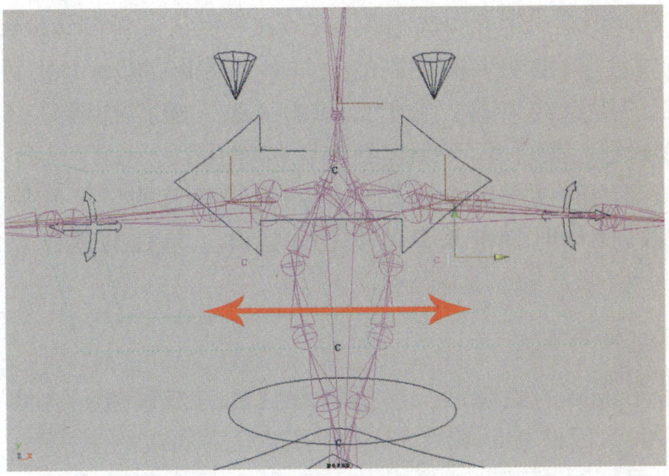

图6.49 Chest_Control控制效果

选择控制器Waist_Control，Shift加选簇控制手柄cluster_Waist，执行菜单Constrain→Point。控制效果如图6.50所示。

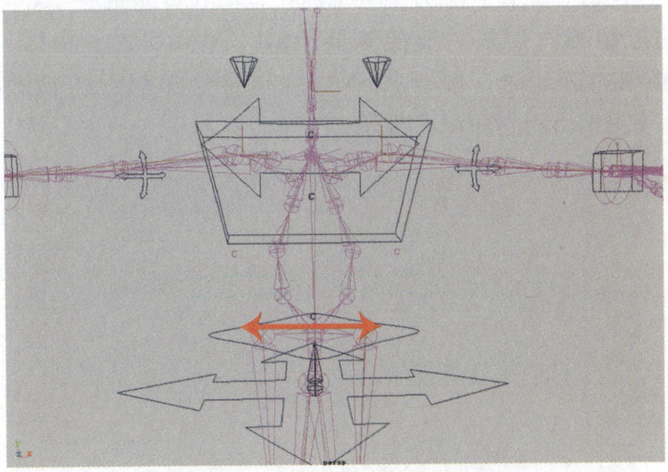

图6.50 Waist_Control控制效果

选择控制器Hip_Control，Shift加选簇控制手柄cluster_Hip，执行菜单Constrain→Point。控制效果，如图6.51所示。

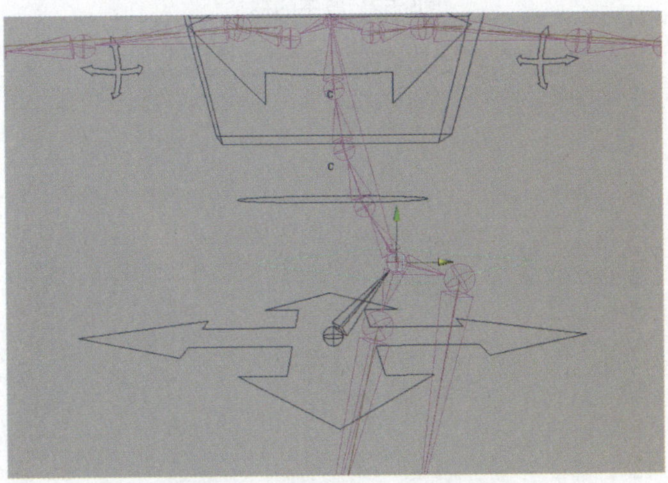

图6.51 Hip_Control控制效果

选择控制器Root_Control，Shift加选根关节Root，执行菜单Constrain→Parent。

在躯干骨骼的关节中，簇控制手柄控制的是样条曲线IK的Control Vertex，因此在建立控制器控制簇的时候一定要使用点约束建立它们之间的关系。簇控制器只有在位移的时候才可能有变化，旋转和缩放操作对簇控制手柄不会起到变化的作用。

而控制器控制跟关节的时候一般会使用父子约束跟关节的位移和旋转，跟关节作为整套骨骼的父关节在位移和旋转操作时会带来身体的整体运动。单独的建立点约束或旋转约束不会丰富骨骼真实的运动。

6.4.3 躯干控制器之间的关系

在建立控制器与关节或IK的关系后，并没有最终的完成设置。人体在运动的时候，关节之间一定是存在主次关系的，因此控制器之间也必须建立主次或约束关系。

这种主次关系一般可以看做哪一个关节在运动的时候会带动另外一个关节。建立了控制器以后，关节受控于控制器，因此需要考虑哪一个控制器在控制的时候带动另外一个或几个控制器的运动。

跟关节是整套骨骼的父关节，因此控制跟关节Root的控制器Root_Control也要作为整个躯干关节的父级控制器。依次选择躯干部分的控制器，Shift加选跟关节的控制器，执行菜单Edit_Parent，将躯干部分的控制器作为跟关节控制器Root_Control的子物体。

在控制Root_Control的运动时，躯干关节的控制器全部都跟随其做相应的运动，但是每一个控制器又是自由的，如图6.52至图6.57所示。

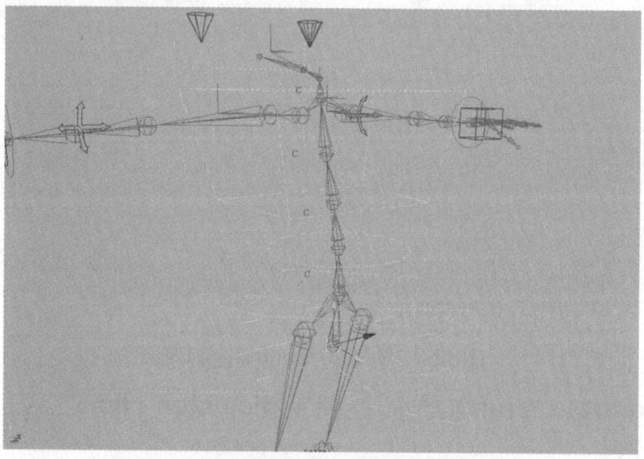

图6.52　躯干的形态1

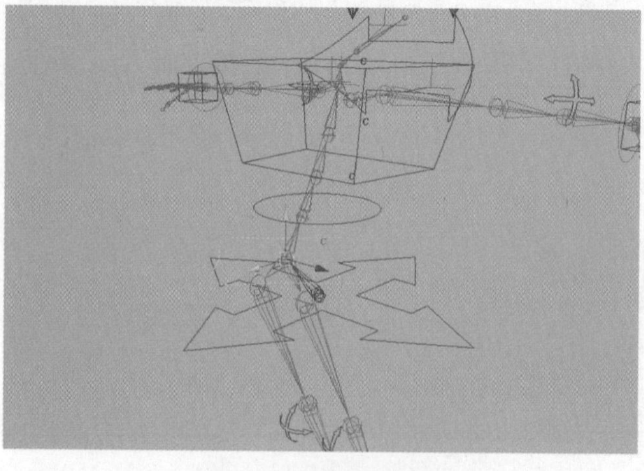

图6.53　躯干的形态2

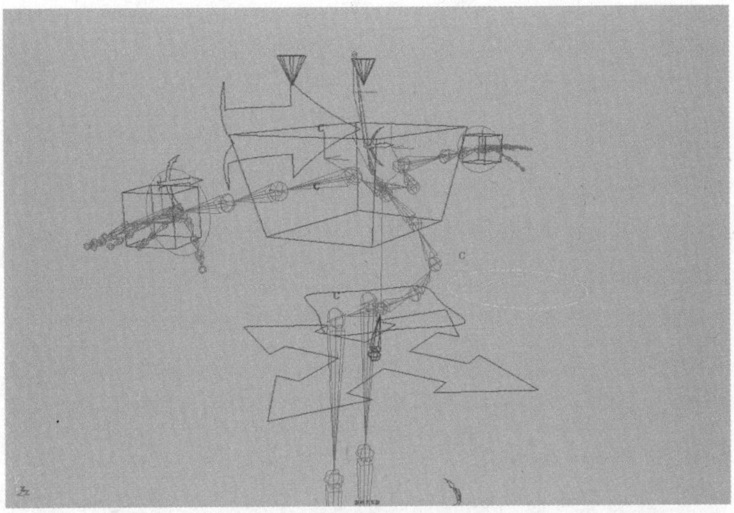

图6.54 躯干的形态3

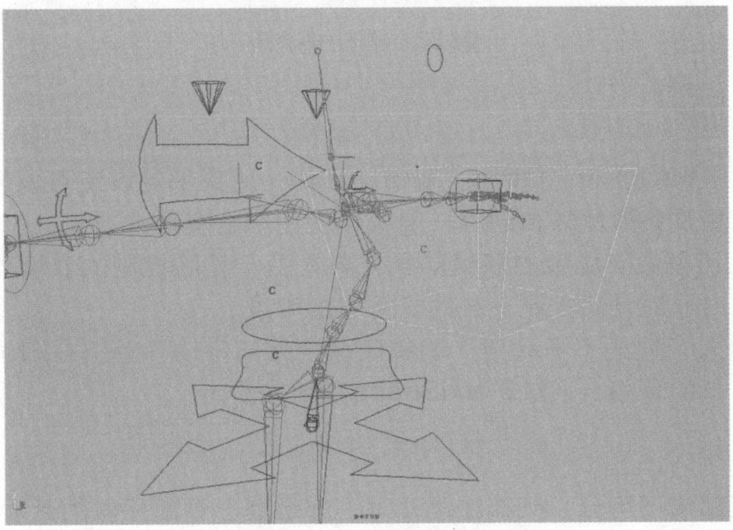

图6.55 躯干的形态4

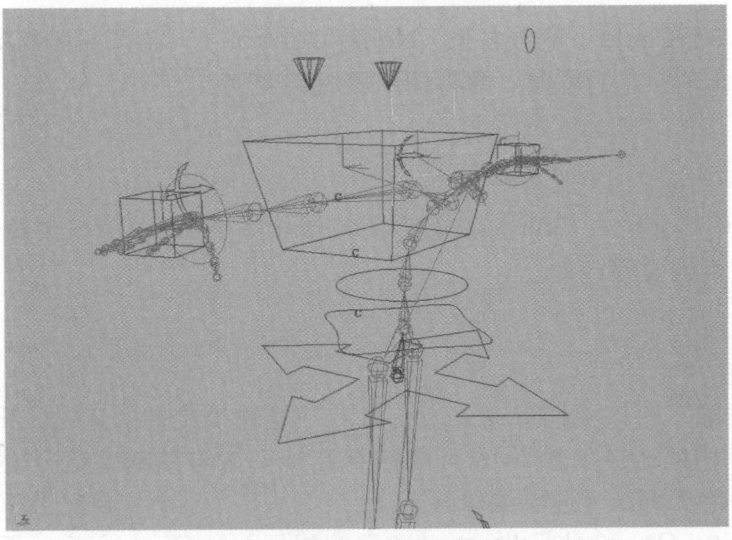

图6.56 躯干的形态5

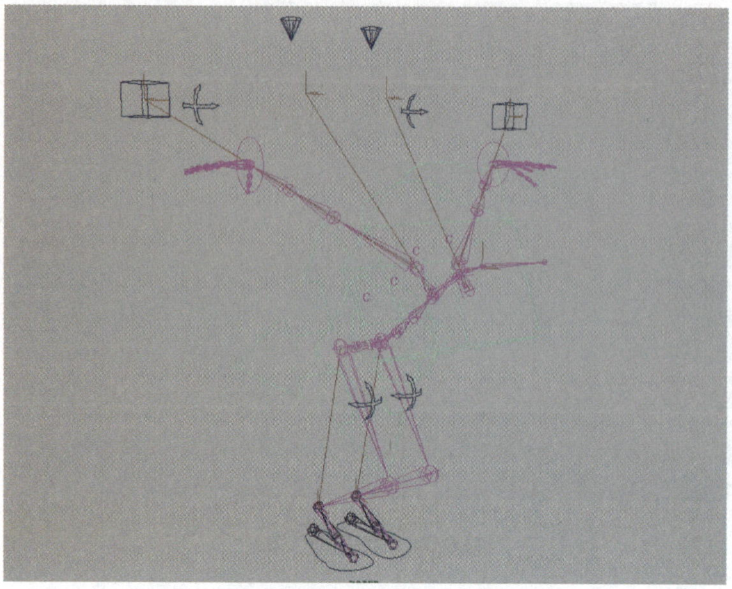

图6.57　躯干的形态6

6.5　添加头部控制器

头部的动画主要是Facial Animation［表情动画］，对头部的设定可以分为两种：骨骼控制和融合变形控制，而更加细致的表情动画一般都是使用融合变形的方法。

通过骨骼控制也可以做出细致的表情动画，只是由于骨骼控制的表情动画会搭建更多的关节，会在后期蒙皮的时候对骨骼控制皮肤的权重增加难度。

头部的设定因个人习惯的不同而异，笔者仅综合大部分动画企业在动画项目中设定头部的方法：对头部搭建简单的骨骼，通过BlendShape控制表情。

6.5.1　颈部控制

头部的运动与颈部密不可分，头部在摆动时，都是基于颈部所做的运动。

STEP 1

建立一个NURBS的Circle，重命名为“Neck_Control”，在点捕捉的模式下调整控制器到IK手柄ikHandle_Neck轴心点的位置，并将控制器冻结变换。

STEP 2

选择控制器Neck_Control，Shift加选IK手柄ikHandle_Neck，执行菜单Constrain→Point，使用控制器控制IK手柄的位移运动。

STEP 3

人体的颈部关节除了可以摇摆运动之外，当然不能缺少旋转的运动。IK手柄虽然不能直接选择旋转，但是IK手柄的通道属性Twist可以控制旋转，这与控制手臂FK的控制器有相同的解决方法——Connection Editor［连接编辑器］。

执行菜单Window_General Editors［通用编辑器］_ Connection Editor。选择Neck_Control控制器，在Connection Editor面板左侧的Outputs上部点击Reload Left；选择IK手柄

ikHandle_Neck，点击右侧的Inputs上部点击Reload Right。在两个节点栏中分别点亮左侧的RotateY和右侧的Twist，如图6.58所示。

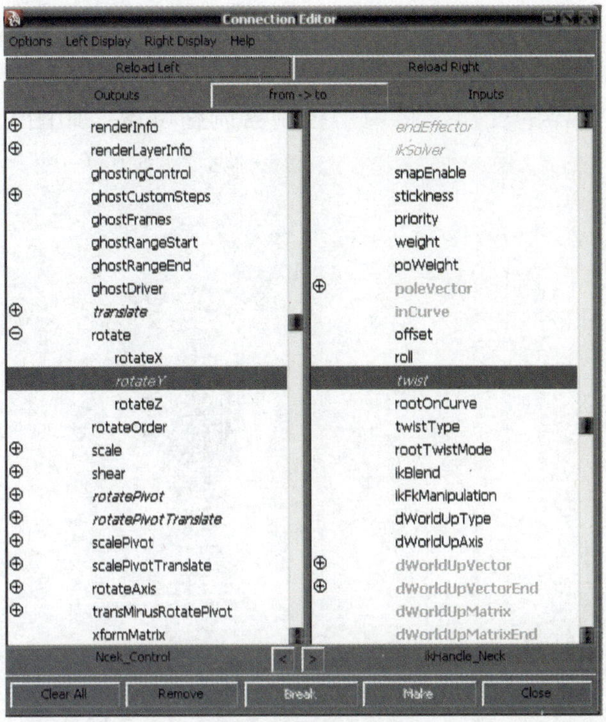

图6.58　头部控制器的连接

这时控制器Neck_Control控制了颈部关节IK的位移和Y轴向的旋转。

6.5.2　眼睛的控制

眼睛的运动主要是目光的移动，但是眼睛本身是不可能位移出头部的范围的。目光的移动是带有目标性质的，即目光的方向受注视目标的影响而产生移动。这种移动并不是位置的移动，而是旋转的移动。

STEP 1

首先利用曲线工具CV Curve Tool或者EP Curve Tool绘制图6.59所示的控制器，重命名为“L_View”。

图6.59　目光参考线

这个控制器是衡量目光方向的参考线，箭头指向的方向即为目光的方向。

STEP 2

建立一个NURBS物体的Circle，重命名为“L_EyeControl”，调整L_EyeControl至与左眼球平行的前方，并冻结控制器的变换。将两个控制器调整位置，如图6.60所示。

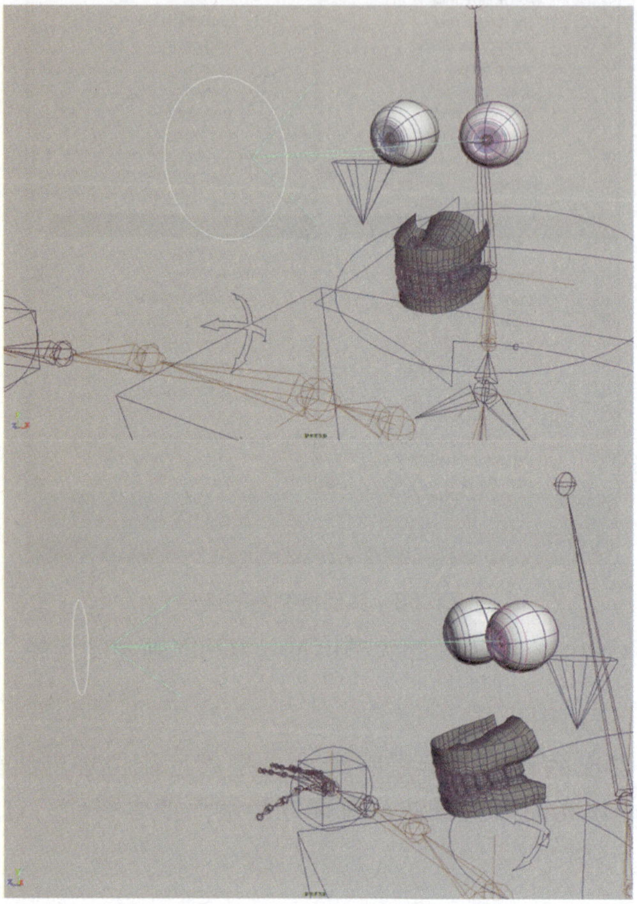

图6.60　眼部控制器的位置

STEP 3

将控制器L_View作为眼球物体L_cornea的子物体，选择L_cornea，Shift加选控制器L_EyeControl，执行菜单Constrain→Aim→r，勾选Maintaint Offset［保持偏移］，点击Add完成操作，如图6.61所示。

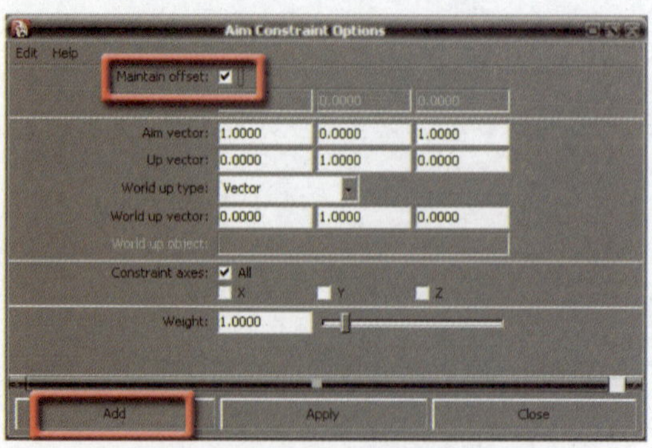

图6.61　目标约束选项设置

在控制L_EyeControl时，目光参考线和眼球会以控制器为目标被动跟随产生运动。右侧眼部的控制器绘制以及约束关系相同，如图6.62所示。

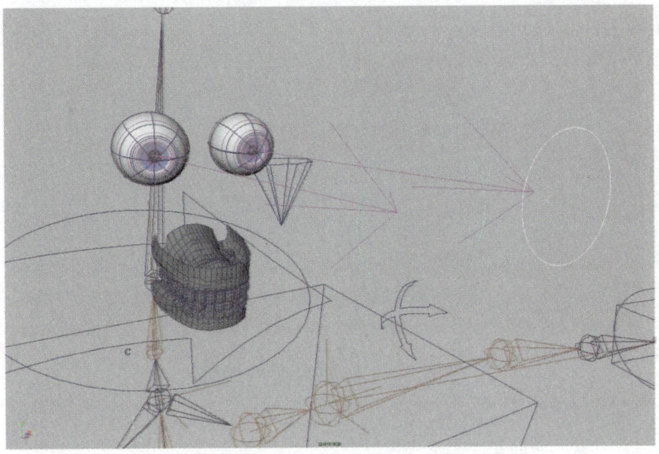

图6.62　眼部的控制

6.5.3　口腔的控制

人体模型细致到每颗牙齿都要建模，这体现了三维艺术家的专业性和技术性。利用三维软件虚拟出的物体与现实贴近，并且能以假乱真，这是不同于其他行业的优越性。

口腔的结构虽然复杂，但是可以简单地理解它的组成部分：上颚、上齿、下颚、下齿和舌头。概括地说，上颚和上齿是一个整体；下颚、下齿以及舌头是一个整体。在模型的Outline中也做了分组的归类，如图6.63所示。

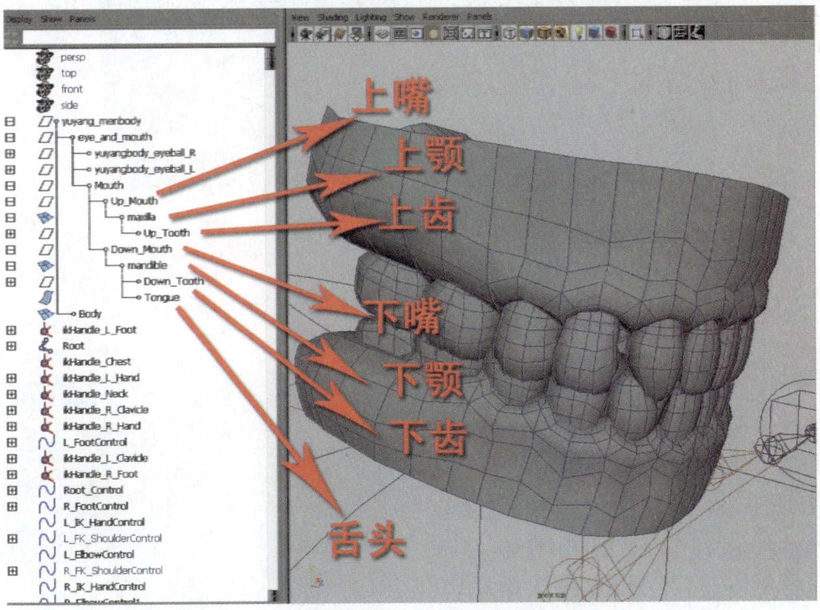

图6.63　Outline中口腔的结构

STEP 1

由于在头部的骨骼中还没有控制口腔和眼部的关节，因此需要对头部的骨骼增加关节。使用Joint Tool工具，切换Orientation为None类型，点中头部骨骼Skull关节，向下端绘制新的关节，如图6.64 所示。

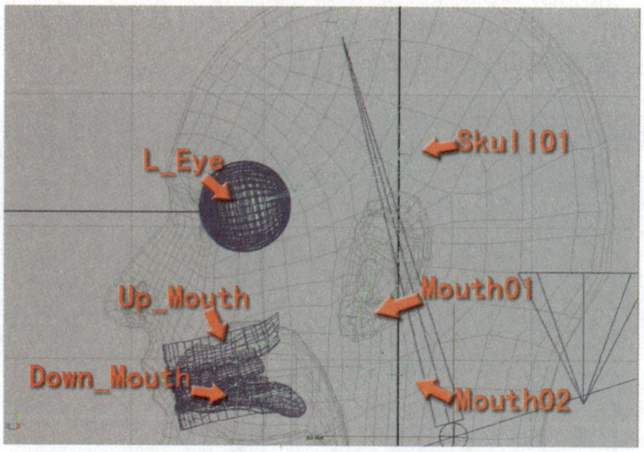

图6.64　头部骨骼的关节

STEP 2

关节绘制完成后，眼睛部分的关节需要做位置的调整，并进行左右镜像，如图6.65所示。

图6.65　眼部关节的调整

STEP 3

骨骼的关节需要和眼睛以及嘴部建立父子关系。

选择左侧眼睛模型的组级别yuyangbody_eyeball_L，Shift加选关节L_Eye，执行菜单Edit_Parent。右侧眼睛模型和骨骼关系的建立相同，最后将两个控制器L_Eye和R_Eye打组，并重命名为EyeControl。

选择嘴部模型的组级别Up_Mouth，Shift加选关节Up_Mouth，执行菜单Edit_Parent。下嘴部分模型的组级别Down_Mouth和关节Down_Mouth建立同样的父子关系。

这时，当控制器控制运动时，眼球和嘴部的模型会跟随运动，如图6.66至图6.70所示。

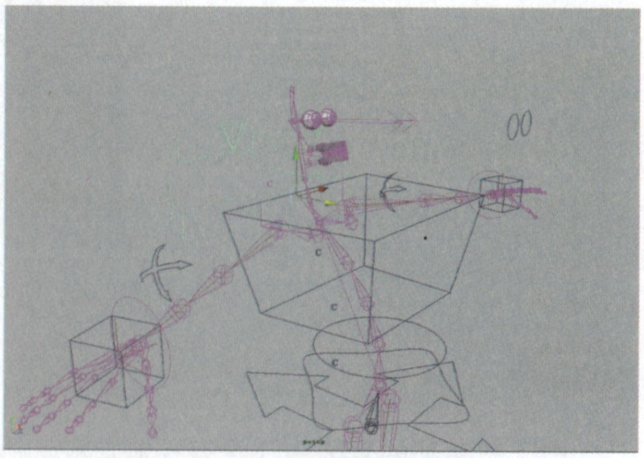

图6.66　眼部和嘴部模型的跟随运动1

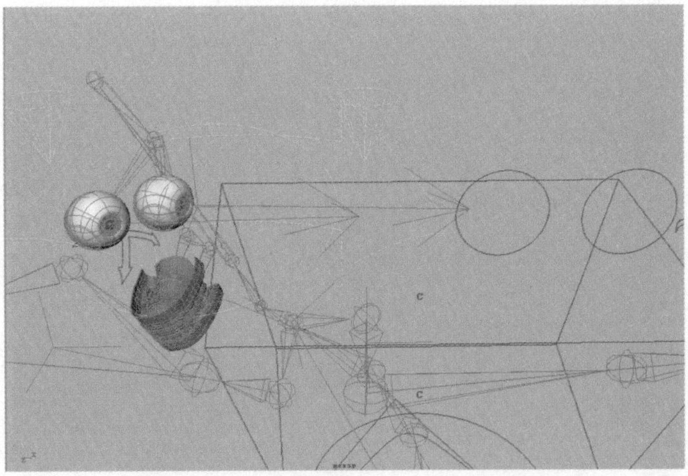

图6.67　眼部和嘴部模型的跟随运动2

图6.68　眼部和嘴部模型的跟随运动3

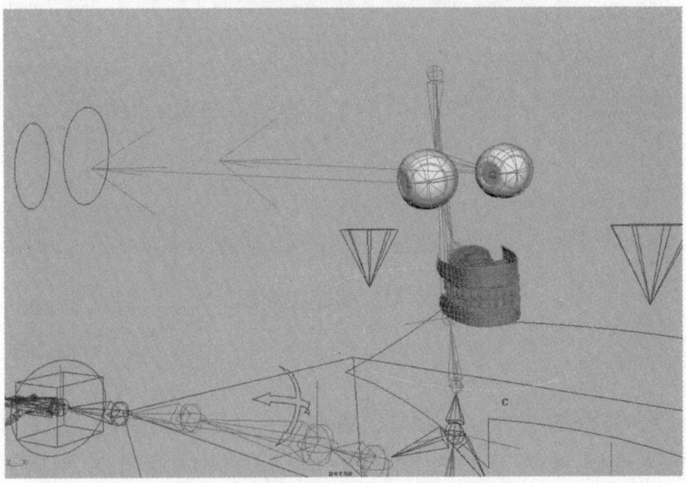

图6.69　眼部和嘴部模型的跟随运动4

图6.70　眼部和嘴部模型的跟随运动5

6.6　控制器最终的调整

此时骨骼的控制器已经全部建立完毕，并且和关节也建立了相应的控制与被控制的关系。但它与躯干控制器遇到了同样的问题：控制器之间也需要建立主次关系，这样在运动的时候才会层次分明，否则运动时会出现错误或者动作僵硬，骨骼控制器，如图6.71所示。

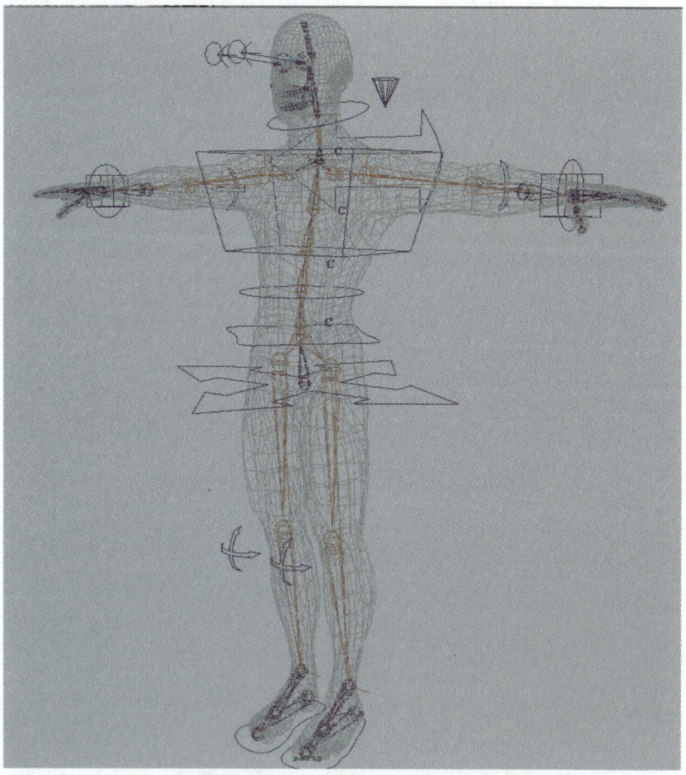

图6.71　骨骼控制器

6.6.1　躯干控制器的调整

躯干控制器虽然已经调整过，但是仅仅是整体的，并没有细节。例如，只有跟关节控制器Root_Control、颈部到头部连接关节的控制器Neck_Control能够控制旋转，其他的控制器仅仅能够控制位移。

下面我们将加入更多的细节。

STEP 1

执行菜单Window→General Editors→Connection Editor。选择Back_Control控制器，在Connection Editor面板左侧的Outputs上部点击Reload Left；选择躯干关节的IK手柄ikHandle_Chest，点击右侧的Inputs上部点击Reload Right。在两个节点栏中分别点亮左侧的RotateY和右侧的Twist，如图6.72所示。

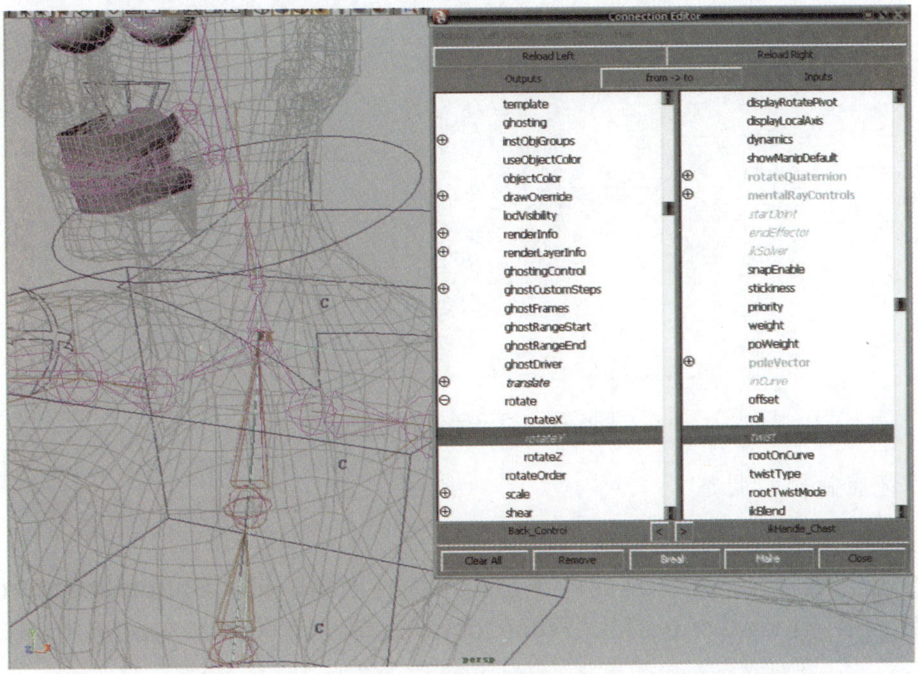

图6.72　躯干IK的连接

这样通过Back_Control控制器不仅可以控制躯干的弯曲，还可以控制躯干IK手柄ikHandle_Chest的旋转。

STEP 2

整个头部的运动是受控于躯干运动的，从主次关系上分析：躯干运动为主，而头部运动为次。选择眼部以及颈部关节以上的所有控制器：眼部控制器组EyeControl、肩部控制器L_ClavicleControl和R_ClavicleControl、颈部控制器Ncek_Control，Shit加选躯干关节控制器Back_Control，执行菜单Edit_Parent。眼部的控制也要受颈部的控制，选择眼部控制器组EyeControl，Shit加选颈部关节控制器Neck_Control，执行菜单Edit_Parent。为它们建立父子关系，如图6.73所示。

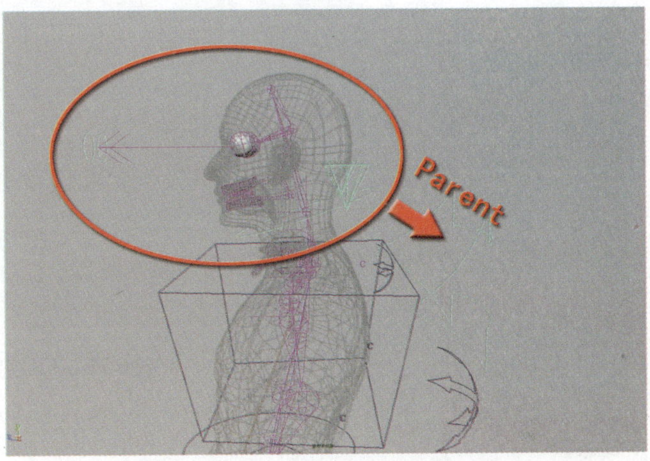

图6.73　Back_Control对整个头部的控制

这层关系的建立使得头部运动受控于躯干控制器Back_Control。而Back_Control又受控于跟关节控制器Root_Control，这样在躯干运动时，头部会自动跟随躯干的运动而运动。

由于所建立的控制关系是Parent关系而不是Parent约束，因此头部自身的运动是自由的。如果所建立的是Parent约束，则受约束物体自身的变换永远受控于约束物体，而自身的变换是非自由的，如图6.74所示。

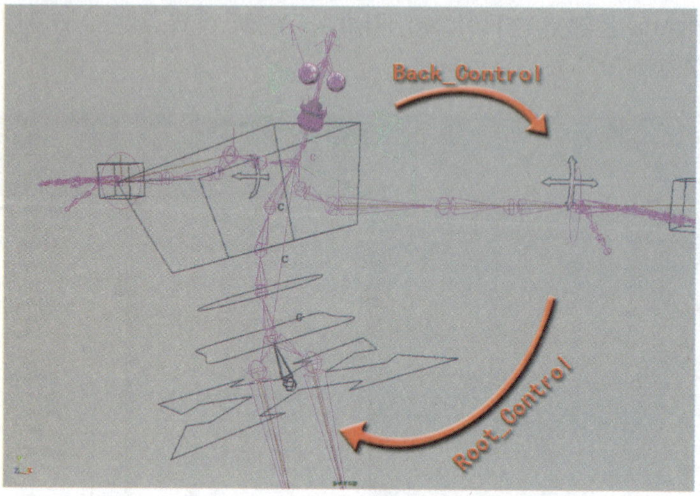

图6.74 躯干部分的控制关系

6.6.2 手臂控制器的调整

手臂部分需要调整的是FK控制器。

目前手臂部分FK控制器所出现的问题是由于主控制器L_FK_ShoulderControl没有起到主导作用而导致L_FK_ElbowControl和L_WristControl没有相同的运动，如图6.75所示。

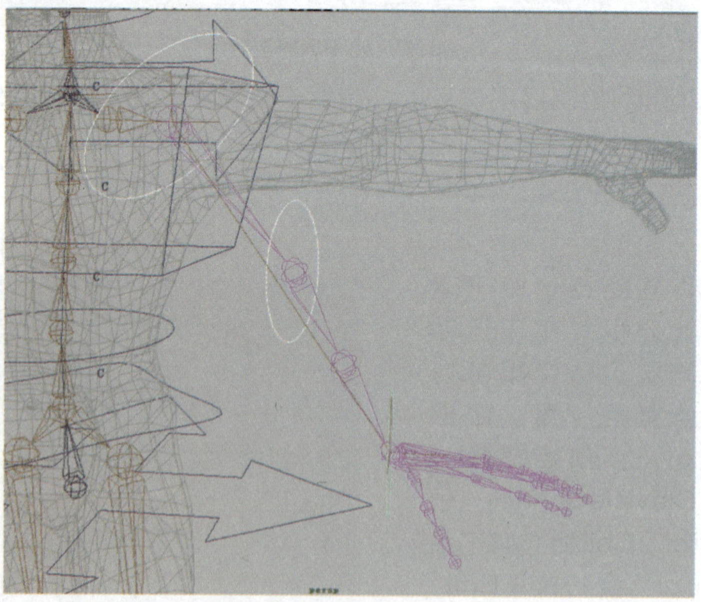

图6.75 FK控制器的问题

STEP 1

选择控制器L_FK_ElbowControl，Shit加选控制器L_FK_ShoulderControl，执行菜单Edit_Parent。将肘关节FK控制器作为肩关节FK控制的子物体，受其高级控制。

STEP 2

L_FK_ElbowControl也要对L_WristControl产生高级控制，但是L_WristControl已经受到了关节L_Wrist的点约束，因此不能直接建立它们之间的控制关系。

选择控制器L_Wrist，用Ctrl+g打一个空组，重命名为"L_WristControlGRP"（GRP即组的英文Group的缩写），选择控制器L_FK_ElbowControl，Shift加选L_WristControlGRP，执行菜单Constrain→Parent。效果如图6.76所示。

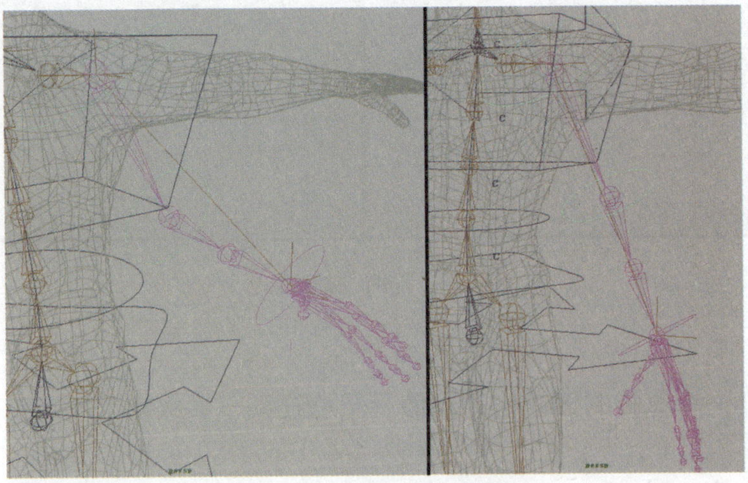

图6.76　FK控制器的正确状态

建立空组可以解决很多不能直接作用的问题，当遇到此类问题时可以使用建立空组的方法进行测试。

6.6.3　腿部控制器的调整

腿部控制器只有两个，膝关节和脚部的。

所出现的问题是膝关节不跟随脚部的运动，如图6.77所示。

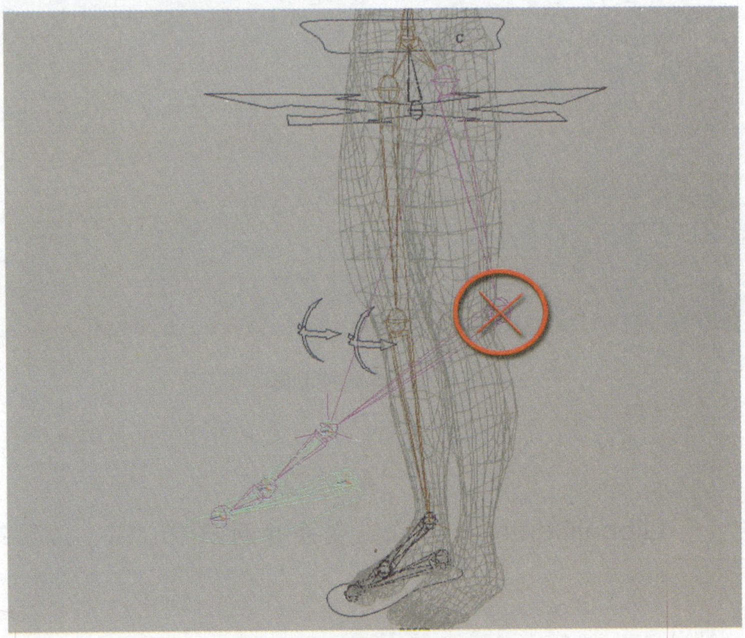

图6.77　脚部控制器的问题

解决的方法仍然是建立父子关系。以左脚为例：选择膝关节控制器L_KneeControl，Shift

加选脚部控制器L_FootControl，执行菜单Edit→Parent。正确的效果如图6.78所示。

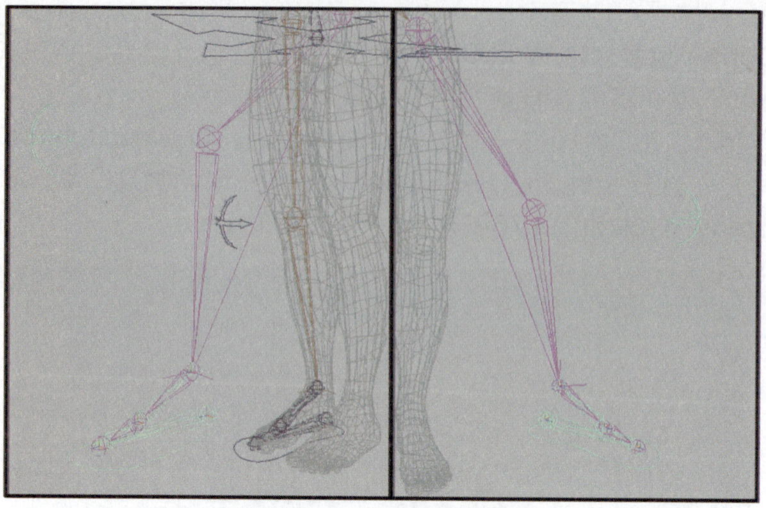

图6.78　正确的脚部控制

6.6.4　整体的控制

整体的控制需要一个总控制器，作用就像一个总开关一样决定了所有控制器的状态。

STEP 1

使用曲线和圆环建立一个如图6.79所示的全局控制器。

图6.79　全局控制器

STEP 2

将控制器重命名为“GlobalControl”。冻结变换并回归中心点，放置在Persp视图的网格平面上。

STEP 3

所有的控制器都要受到GlobalControl的控制。前序工作就是要将控制器、IK手柄以及骨骼打组，在Outline中选择物体会更加明确，如图6.80所示。

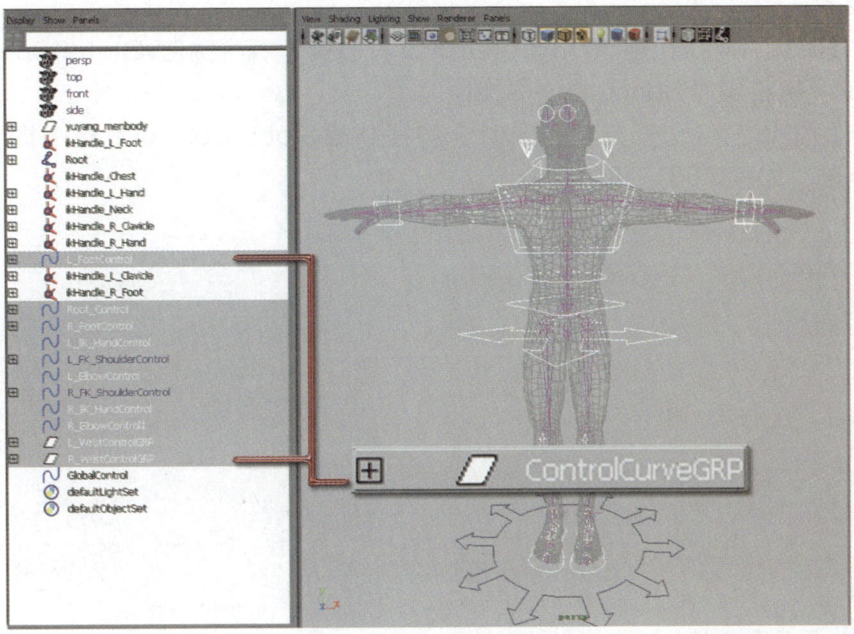

图6.80　所有曲线控制器

选择所有曲线类型的控制器，建立新组重命名为“ControlGRP”。选择全局控制器GlobalControl，Shift加选曲线控制器组ControlCurveGRP，执行菜单Constrain→Parent，保持选择，执行菜单Constrain→Scale。

查看ControlCurveGRP的通道栏，Translate、Rotate和Scale全部受了约束，如图6.81所示。

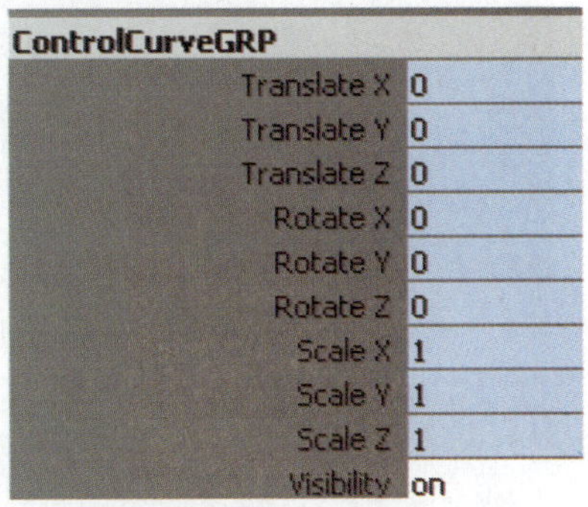

图6.81　ControlCurveGRP通道

选择所有IK手柄，建立新组重命名为IK HandelGRP，如图6.82所示。

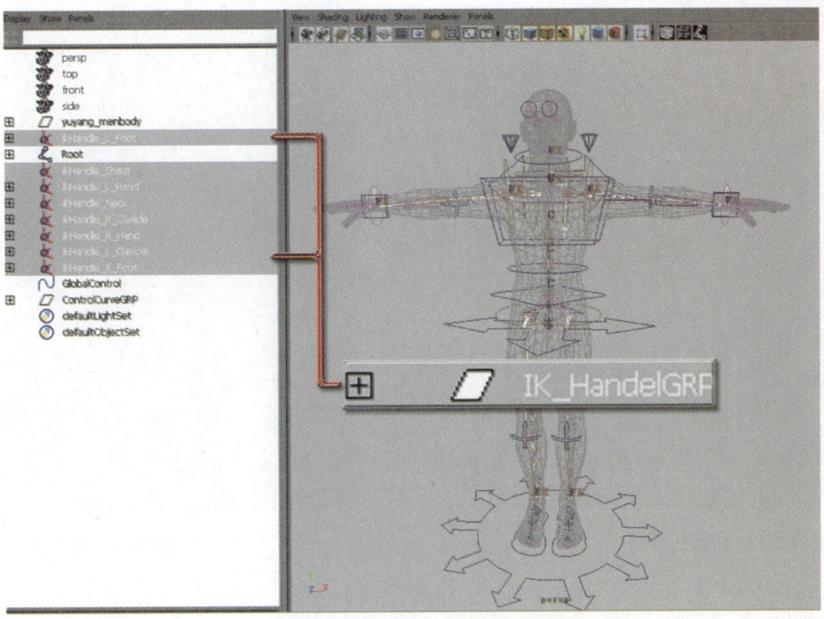

图6.82　所有IK控制手柄

选择全局控制器GlobalControl，Shift加选IK手柄组IK HandelGRP，执行菜单Constrain→Scale。

选择跟关节Root，建立新组为"RootGRP"。选择全局控制器GlobalControl，Shift加选骨骼组RootGRP，执行菜单Constrain→Scale。

控制器所有的工作已经全部完毕，此时全局控制器GlobalControl对整个骨骼、控制器以及IK手柄都能够控制，如图6.83至图6.87所示。

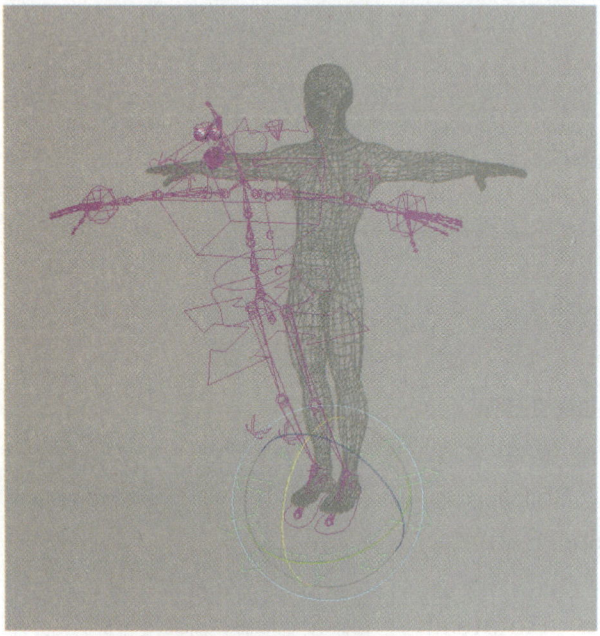

图6.83　全局控制1

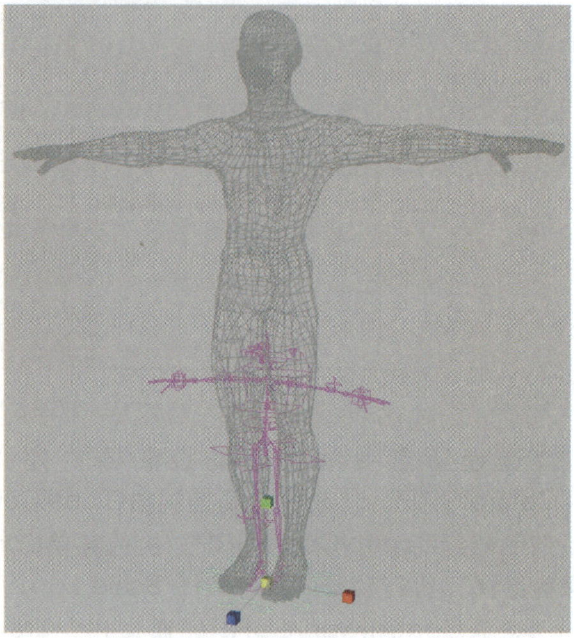

图6.84　全局控制2

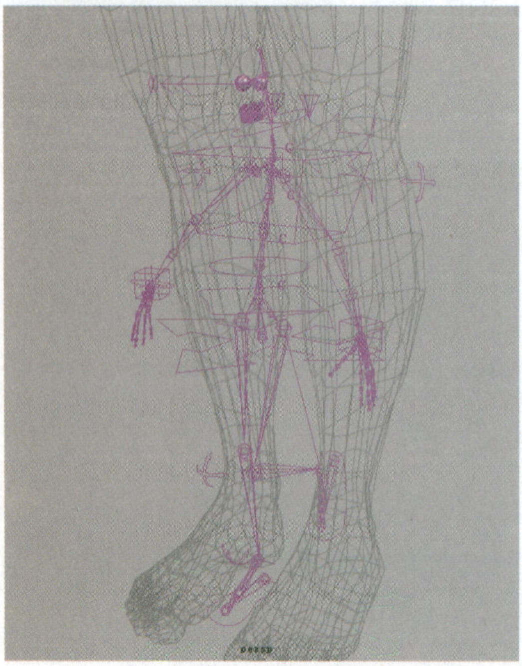

图6.85　全局控制3

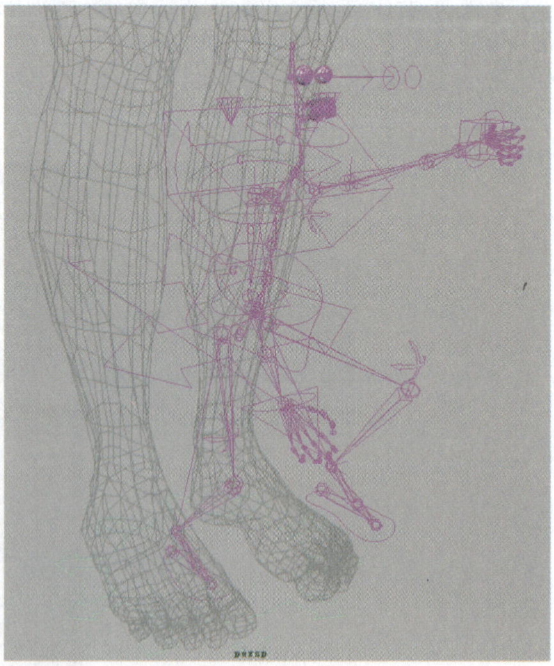

图6.86　全局控制4

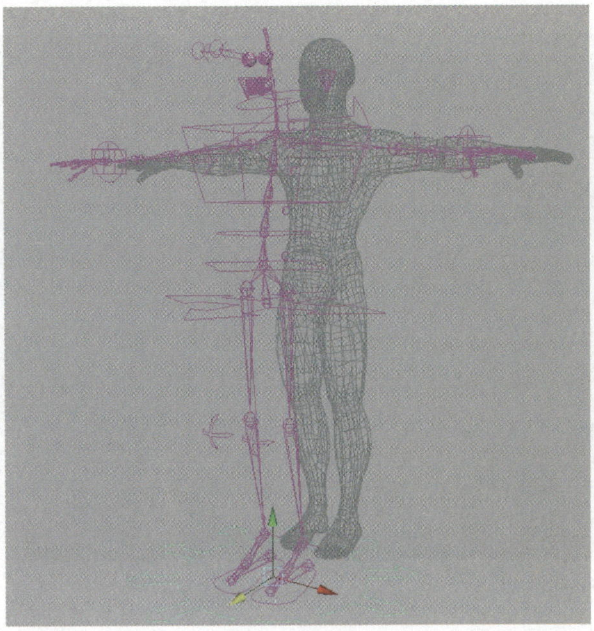

图6.87 全局控制5

6.6.5 控制器通道的编辑

控制器的通道栏有很多根本不使用的属性要做锁定和隐藏处理。属性隐藏的工作可以使用通道控制器进行编辑，如图6.88所示。

以左腿膝盖为例，L_KneeControl控制器控制了IK的极向量，所控制的范围仅限于位移，旋转和缩放以及可视性都不可能使用。因此不可用的属性需首先加锁，以免在选择的时候操作有误。

如图6.89所示，在不使用的属性上点击鼠标右键，选择Lock Selected［锁定被选属性］。如要解锁可选择下一个选项Unlock Selected［解锁被选属性］。

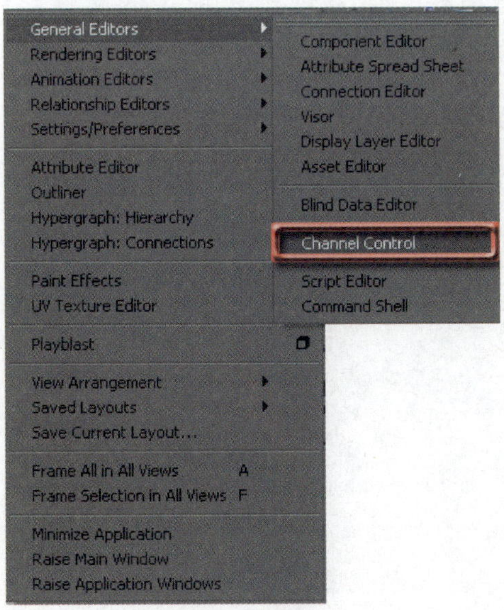

图6.88 通道控制

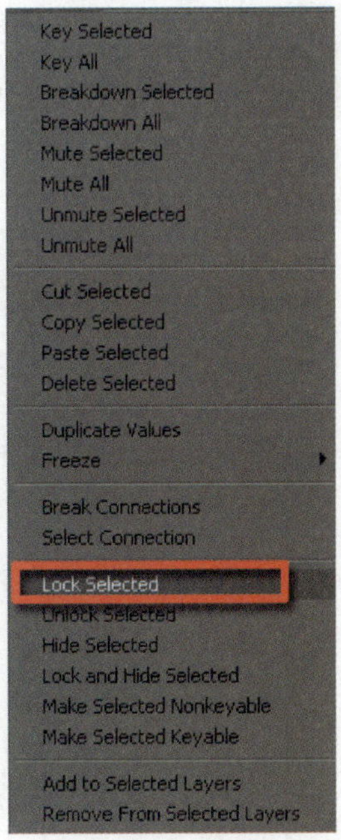

图6.89 锁定属性

锁定属性后，属性后的参数栏会自动变为灰色，相应的变换工具手柄会变成灰色而无法操纵，如图6.90所示。

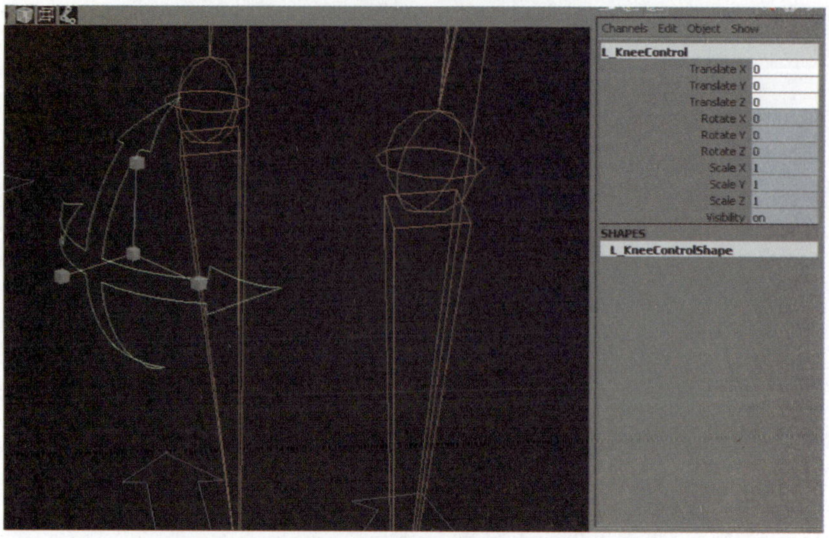

图6.90　锁定后的操纵器

锁定属性后要将属性进行隐藏。

仍然是以左腿膝盖为例：选择控制器L_KneeControl，执行菜单Window_General Editors→Channel Control［通道控制］。

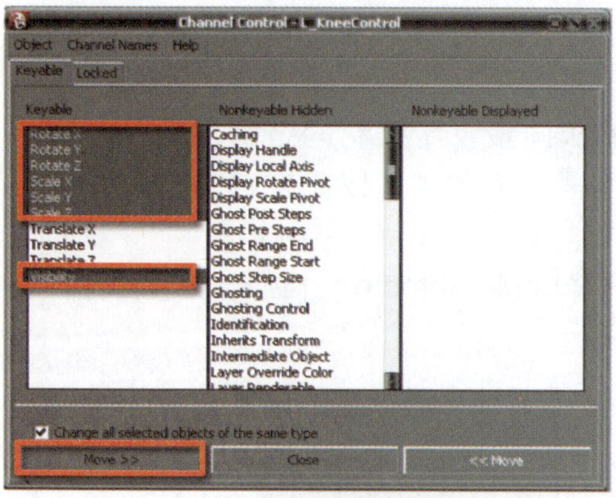

图6.91　隐藏不使用属性

Channel Control左侧栏Keyable为可键入关键帧栏，中间Nonkeyable Hidden是不可键入关键帧隐藏栏，右侧Nonkeyable Displayed是不可键入关键帧显示栏。隐藏不使用属性时在Keyable栏内选择属性，点击面板左下端的Move>>移动至Nonkeyable Hidden栏即可完成隐藏，如图6.91所示。

选择RotateX、Y、Z，ScaleX、Y、Z和Visibillity，点击面板下端的Move>>，将属性移动至Nonkeyable Hidden栏内。再查看L_KneeControl的通道栏，会发现刚才锁定的属性已经被隐藏了，如图6.92所示。

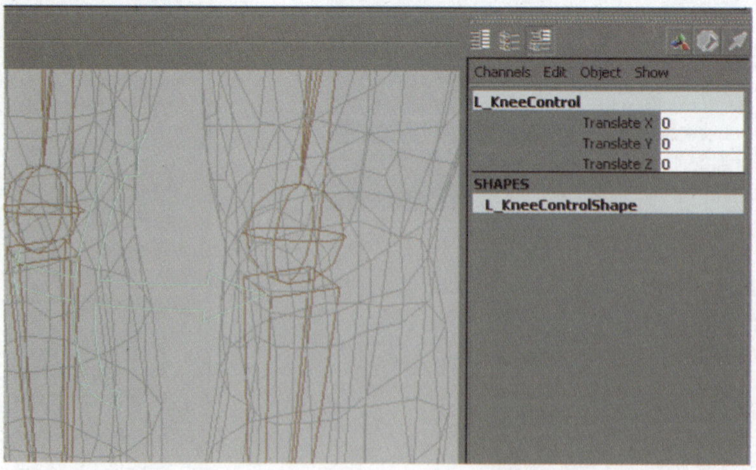

图6.92　L_KneeControl通道栏

其他控制器的不适用属性的锁定和隐藏全部可以使用这种方法编辑。

至此，控制器的建立工作全部完成。

本章小结

本章讲解了为骨骼系统添加控制系统，控制器一定要严格命名，并且正确建立与IK手柄或骨骼关节的控制关系。

任务分析

控制器之间的关系对骨骼运动的控制也尤为重要。根据不同的骨骼运动，控制器间的关系也有所不同。在处理控制器间的关系上要分析角色骨骼的正确运动。

复习思考题

将本章节的案例按讲解进行练习。熟练掌握控制器的创建、修改与控制的建立。

第7章　实例操作——为角色蒙皮

【学习目标】

本章学习内容是为角色蒙皮的过程，通过本章的学习要掌握蒙皮工作的流程，包括：蒙皮前的审核、绑定以及权重的编辑。除了要理解流程中各工序的作用，还要熟练掌握每个环节的操作。

7.1　蒙皮概述

本章学习目标：掌握角色的应用，理解人体肌肉在运动中的变形。

Character Setup包括Character Rigging［角色装配］和Character Binding。

第六章学习到的是Character Rigging。所有的骨骼系统、运动学系统以及控制器系统都在Character Rigging的范畴内。本章学习的是Character Binding所包括的内容。

在一般的动画企业中，Setup组将绑定好的模型按流程转交给Animation［动画］组。Animation组会根据Setup组所建立控制器的名称做动画的调试。

在Character Setup中，如果不考虑设置Muscle System［肌肉系统］，那么Skin［蒙皮］是最后的一项工作，也是为角色动画做准备的最后一道工序。Skin包括Bind［绑定］和Edit Weights［编辑权重］。

所谓Skin，就是使用蒙皮工具将角色的模型与为角色搭所建的骨骼系统绑定到一起，使得角色模型能够跟随骨骼的运动而产生变形。骨骼的作用也可以理解为一种变形器，通过这种变形系统创建角色的运动以及角色在运动中的变形。

在蒙皮过程中，绑定模型或者可变形物体到骨骼。在蒙皮后，模型就称为角色的皮肤。蒙皮后未编辑过蒙皮的角色是不能直接使用的，因为各个关节对模型的控制是不规则的，每个关节都会控制皮肤在运动中的变形，控制的范围或大或小、控制力度或强或弱。这种关节控制皮肤变形的影响力称为Weight。

在蒙皮的工序中，编辑权重是绑定以后的重要工作，权重分配的合理与否体现出了角色运动时各部分的协调性。

绑定主要分为柔性绑定（Smooth Bind）和刚性绑定（Rigid Bind）。对于两种邦定方式笔者不做优劣的比较。鉴于目前国内外动画、影视等相关企业对Smooth Bind［柔性绑定］使用较多，本书着重讲解Smooth Bind的工作流程。

7.1.1 绑定工具的应用

蒙皮中的绑定工作至少需要两种物体：骨骼和可变形物体，在这里可变形物体主要指角色模型。不论是Smooth Bind还是Rigid Bind，在将骨骼与模型绑定后的效果是骨骼运动会带动所绑定的模型（皮肤）一起运动。

以一个简单的例子理解蒙皮的过程。在场景中建立一个Surface的圆柱体和两节带有IK手柄的关节，如图7.1所示。

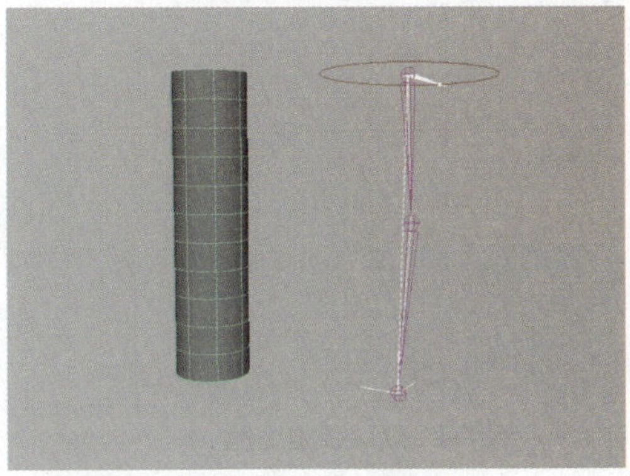

图7.1 创建骨骼和物体

将骨骼移动至圆柱体的内部，选择骨骼的跟关节，Shift加选圆柱体模型。执行菜单Skin→Bind Skin［绑定皮肤］→Smooth Bind，如图7.2所示。

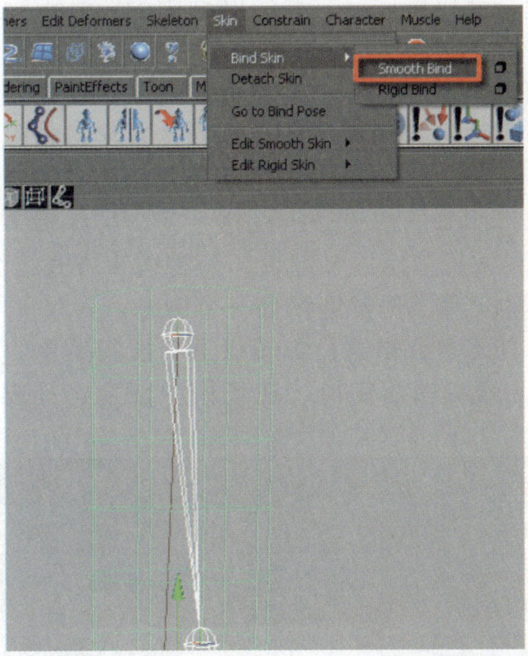

图7.2 绑定骨骼和物体

绑定完成以后，位移IK手柄使骨骼运动时会发现刚才所建立的圆柱体跟随骨骼的运动而运动，如图7.3所示。

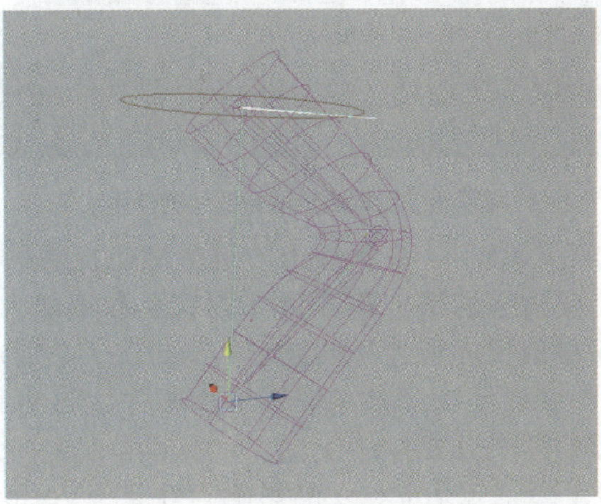

图7.3 骨骼运动对物体的影响

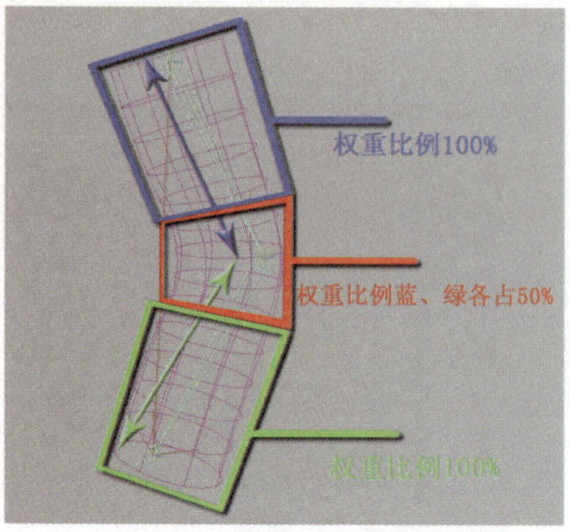

图7.4　默认权重比例

7.1.2　编辑权重的应用

引用上一节的概念："每个关节都会控制皮肤在运动中的变形，控制的范围或大或小、控制力度或强或弱。这种关节控制皮肤变形的影响力称为Weight。"

骨骼带动模型运动是以一种特定的方式运算的，即某一个关节带动某一块皮肤运动的运算。这种运算的依据也就是按照为骨骼和模型（蒙皮后的皮肤）所分配的权重比例。

Maya默认的权重分配是按照均匀的比例计算的，每一个关节控制距离自己最近的一个区域内的皮肤。而位于关节与关节之间的皮肤，所受控制的权重比例按照每个关节的50%计算，如图7.4所示。

权重的力度以从0到1的数值体现，权重值为0时为完全不控制；权重值为1时为完全控制。计算某一区域内皮肤所受控制的权重值时，是以区域内的Vertex为对象的。从0到1的权重数值全部以Vertex为载体体现。

默认的权重分配虽然均匀，但是并不一定完全正确，这就需要对权重的分配进行编辑。编辑权重主要有两种形式：①通过对Vertice［顶点］元素直接进行数值的输入，②使用权重画笔直接在蒙皮后的模型表面上绘制权重。Maya软件对于这一点的设计非常人性化，第一种编辑方式可以更加精确的对每一个Vertice的权重进行设置；第二种编辑方式可以使具有深厚美术功底的三维艺术家在计算机软件中发挥艺术的创造性。两种编辑方式结合使用更加完美。

下面介绍两种权重编辑的工具。仍然继续上一个例子。

1．Component Editor［元素编辑器］编辑权重。执行菜单：Window_General Editors_Component Editor，打开元素编辑器窗口。在场景中任意选择皮肤的Vertice元素，如图7.5所示。

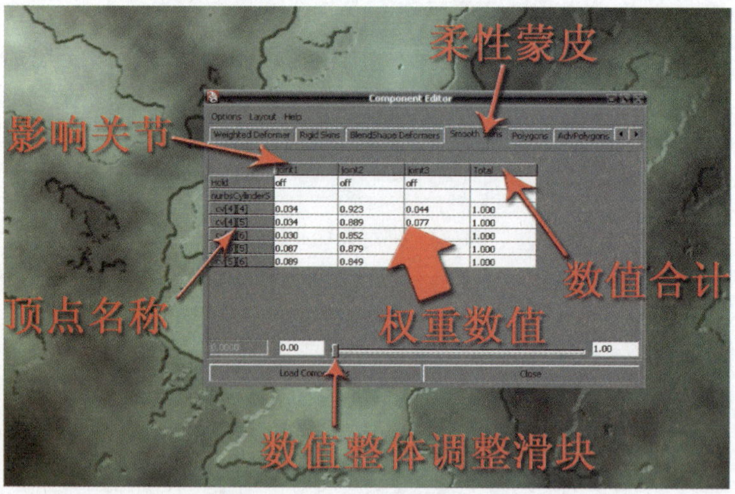

图7.5　元素编辑器各部分的作用

面板中各部分的作用如图7.5所示。在面板上方选择对应控制的关节，顶点的权重数值可以直接在顶点名称后输入。需要注意的是：每个顶点的权重数值最大数值限制为1，不论顶点受多少关节的影响，它们的权重值相加最大不能超过1。当某一个顶点在某一个影响关节的权重数值为0时，该关节的名称不会显示在元素编辑器的面板中，这也代表该顶点完全不受该关节的控制。因此得到以下A和B的两个公式。

A．假设顶点Vertex［X］受关节Joint_α的影响，并且设Vertex［X］在Joint_α影响下的权重数值为x，那么得到公式：$0 \le x \le 1$。

B．假设关节Joint_α、Joint_β、Joint_γ同时控制顶点Vertex［X］，并且设Vertex［X］在Joint_α、Joint_β、Joint_γ影响下的权重数值分别为x、y、z，那么得到公式：0≤x+y+z≤1（0≤x、y、z≤1）。

2．Paint Skin Weights Tool［绘制蒙皮权重工具］编辑权重。选择被蒙皮的模型物体，执行菜单Skin_Edit Smooth Skin［编辑柔性绑定］_Paint Skin Weights Tool。在场景中出现了一个笔刷形状的工具，这就是俗称的“权重画笔”，通过这个“权重画笔”可以直接在模型(蒙皮后的皮肤)上绘制权重，如图7.6所示。

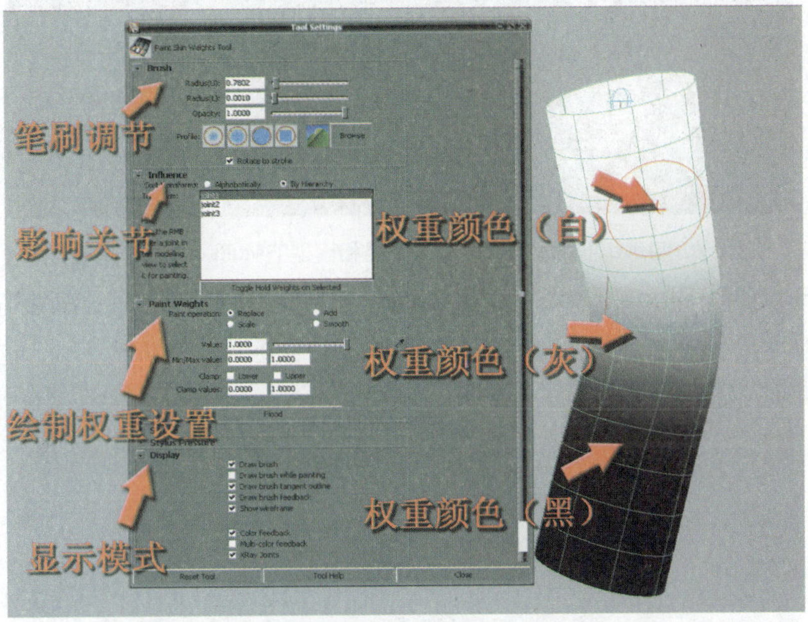

图7.6　绘制权重工具各部分的作用

如图7.6所示，在Paint Skin Weights Tool的Tool Setting［工具设置］面板各部分的功能都很完善，各功能配合使用。

（1）在Brush［笔刷］选项卡下可以进行笔刷半径、笔刷不透明度以及笔触类型的调节。

（2）在Influence选项卡下可以选择控制皮肤的关节，选项卡最下端的“Toggle Hold Weights on Selected”按钮是锁定在某一关节下的权重数值的开关。

（3）在Paint Weights［绘制权重］选项卡下可以设置所绘制的权重值的类型。

Paint Operation［绘制操作］共分为四种：Replace、Add、Scale和Smooth。

其中Replace［替换］的作用是使用Value［数值］替换绘制区域的权重值；Add［增加］可以在绘制区原有权重值的基础上增加Value的数值，Value的值越小，绘制的也越精细；Scale［缩放］的Value代表了一个百分比的数值，绘制区的权重值乘以Value的数值就是绘制完的权重；Smooth［平滑］将绘制区进行平均换算，使得绘制区有一个平滑的过渡。

（4）在Display［显示］的选项卡下可以设置绘制权重时的显示方式，主要包括Color feedback［颜色反馈］、Multi-color feedback［多种颜色反馈］以及XRay Joint［X光线关节］。

3．Color feedback显示皮肤的权重颜色，白色代表受某一关节的完全控制，权重值为1；黑色代表完全不受某一关节的控制，权重值为0；灰色代表从控制到不控制的过渡，权重值在0到1之间。

4．Multi-color feedback根据骨骼中每个关节的颜色显示权重。

在Smooth Bind的选项设置中有一个Colorize Skeleton［彩色骨骼］选项，勾选该选项绑定时，骨骼会变得五颜六色。同时进入绘制权重模式时，模型的Multi-color feedback与骨骼颜色同步，如图7.7所示。

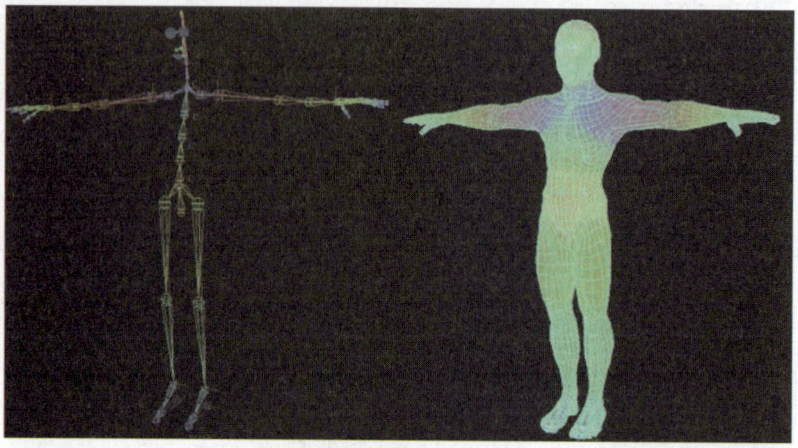

图7.7　勾选Colorize Skeleton时骨骼和模型的Multi-color feedback

如果不勾选Smooth Bind的Colorize Skeleton选项，绑定后骨骼的颜色只会单调的显示土黄和中黄，同时模型的Multi-color feedback与骨骼同步，如图7.8所示。

图7.8　不勾选Colorize Skeleton时骨骼和模型的Multi-color feedback

5．XRay Joint可以使得皮肤变为透明状态，能够看清模型中的骨骼，便于在编辑权重的过程中及时找到对应的关节，如图7.9所示。

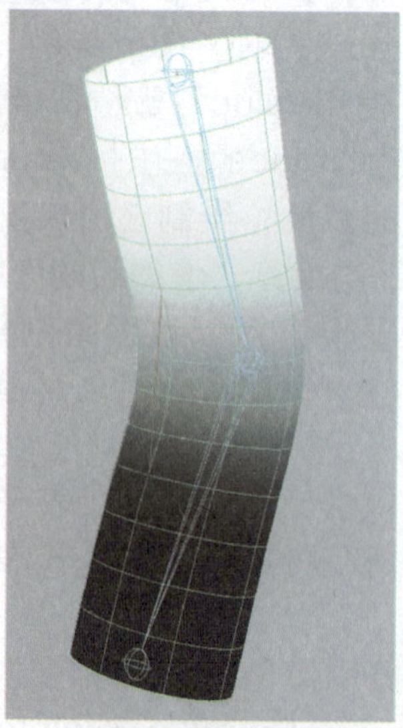

图7.9　XRay Joint

7.2 蒙皮前的工作

在蒙皮之前需要做好一些准备工作，也就是一些硬性的检查和测试，这些工作是重要而且必要的，它也决定了蒙皮后角色的正确性和可使用性。

蒙皮后的角色用于角色动画，交接给动画企业的Animation部门或者Animation组。动作的优美除了动画师的动作调解之外，还要求绑定师对角色有完美的设定，严格的设定会让三维艺术家创造出更完美的虚拟世界。

7.2.1 各个物体的状态

在蒙皮前，一定要检查模型骨骼系统以及控制器的状态。

STEP 1

角色模型要保持通道栏内的数值为初始状态：Translate和Rotate没有数值，Scale的x、y、z三个数值都为1；模型的Pivot［轴心点］最好在场景的Grid［网格］平面的中心。

角色模型在场景中的位置必须在Grid平面的y轴正方向，模型的底端，也就是脚面紧贴Grid，如图7.10所示。

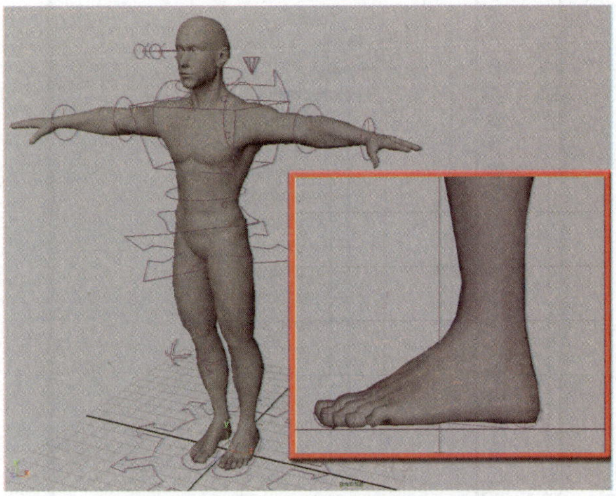

图7.10 角色模型在场景中的位置

如果角色模型的部件较多，所有的部件需规范命名并且打组，以保持Outline的整洁，如图7.11所示。

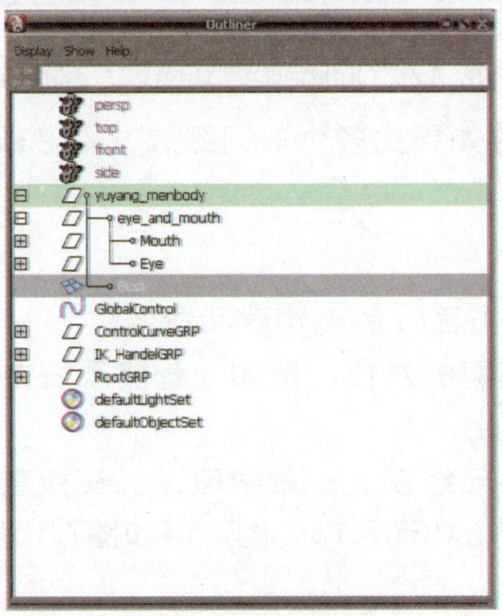

图7.11 Outline中模型的组以及命名1

模型中每一个物体都要有命名，这是为了方便在绑定的过程中查找，如图7.12所示。

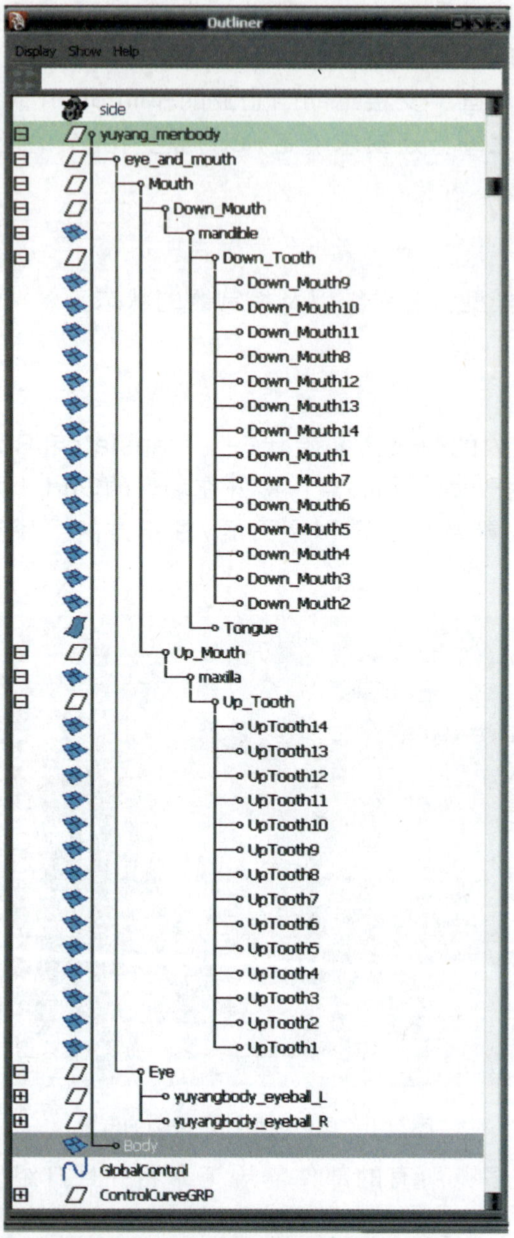

图7.12　Outline中模型的组以及命名2

在Maya中，任何物体的名称如果由多个单词组成，则必须使用下划线（_）连接。

STEP 2

骨骼系统的检查主要包括两方面：关节构建和命名。

关节构建需要检查关节与模型的对位。例如，骨骼系统中的肘关节一定要与模型的肘部精确对位。其他的每个关节也是如此。

骨骼系统中每个关节的命名已经在上一章学习过，在检查的过程中仍然需要核对命名的正确定。可以通过Outline窗口检查，如图7.13、图7.14和图7.15所示。

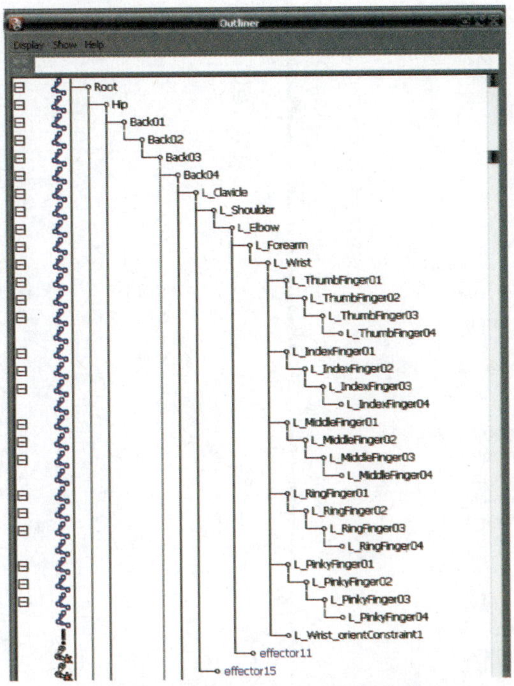

图7.13 Outline中骨骼的构建以及命名1

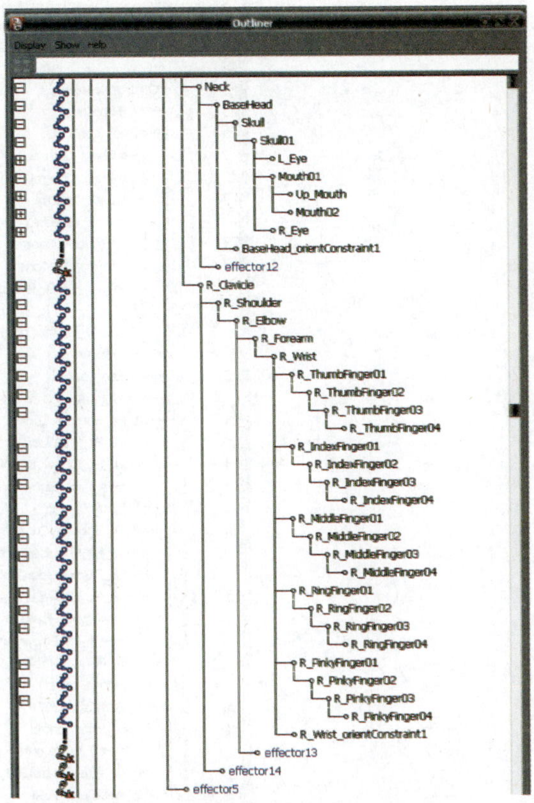

图7.14 Outline中骨骼的构建以及命名2

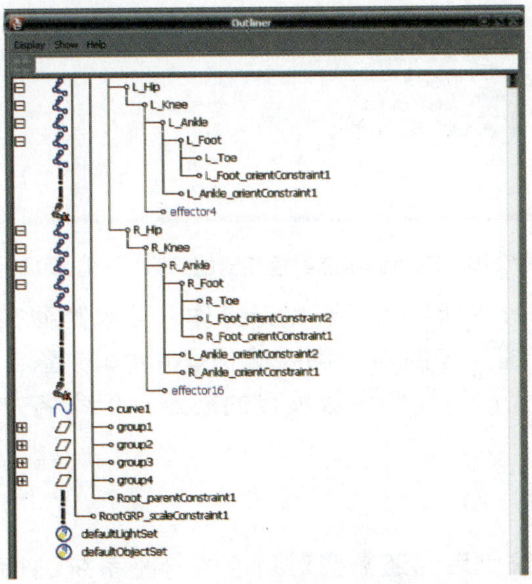

图7.15 Outline中骨骼的构建以及命名3

左右关节的对称名称、与跟关节的父子关系、没有关节的重名等现象都在检查的范畴中。

STEP 3

控制器系统全部由Curve［曲线］组成，检查的过程除了查看命名以外还需要查看曲线的通道栏是否都处于初始状态，最重要的是检查曲线控制器对IK手柄或关节的控制关系的正确性。

在Outline中查看控制器的命名以及约束节点，如图7.16所示。

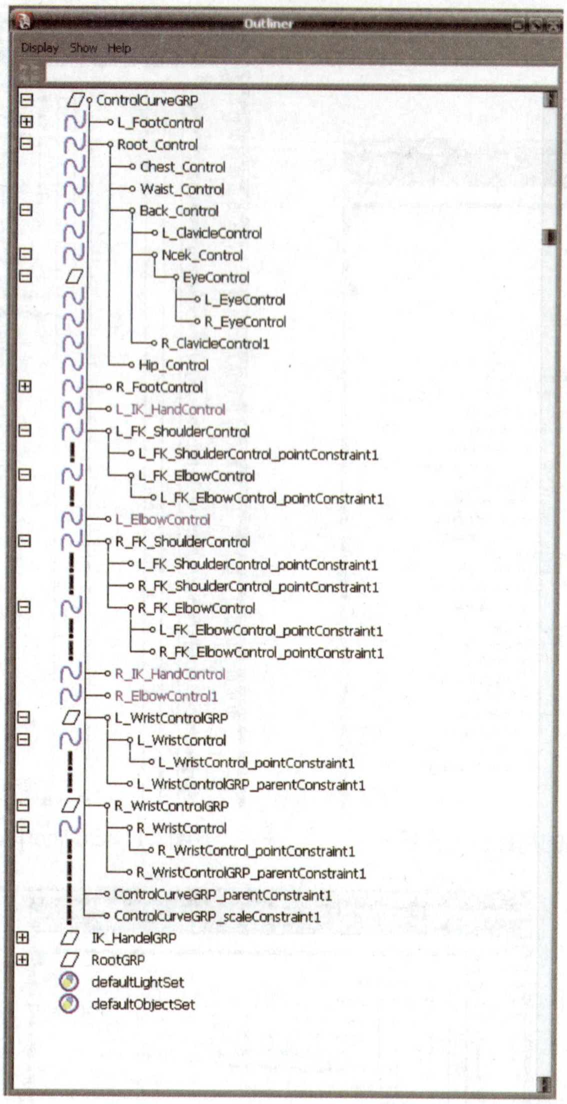

图7.16 Outline中曲线控制器的约束关系以及命名

对于已经不使用的Cluster手柄，为了避免无操作，可以隐藏在Maya的Layer中。不论是角色的模型还是角色的骨骼系统、控制器，都要确保Outline的整洁，每个控制器和关节都要严格命名。本书案例的名称格式严格按照多数项目的规定，但命名方面不代表所有企业项目中的名称。

7.2.2 骨骼系统测试

在检查完角色的各个系统之后，还需要对角色的骨骼系统进行测试。测试的目的主要是检查骨骼运动的正确性、控制器所控制关系的正确性。

测试的过程不能只观察骨骼，还需要使用角色的模型进行匹配测试。匹配模型并不是真正意义上的蒙皮，但是要做到能够看到蒙皮后的低层次效果。这个过程需要先对模型做一些细微的修改。

STEP 1

首先将角色模型各个关节部分的Face［面］删除，如图7.17所示。

选择模型关节的Face，删除时也要细致，包括手腕、手指的关节都要删除。在分析需要删除的Face时，最好按照与模型匹配的骨骼进行关节对应选择。

更多的细节如图7.18至图7.24所示。

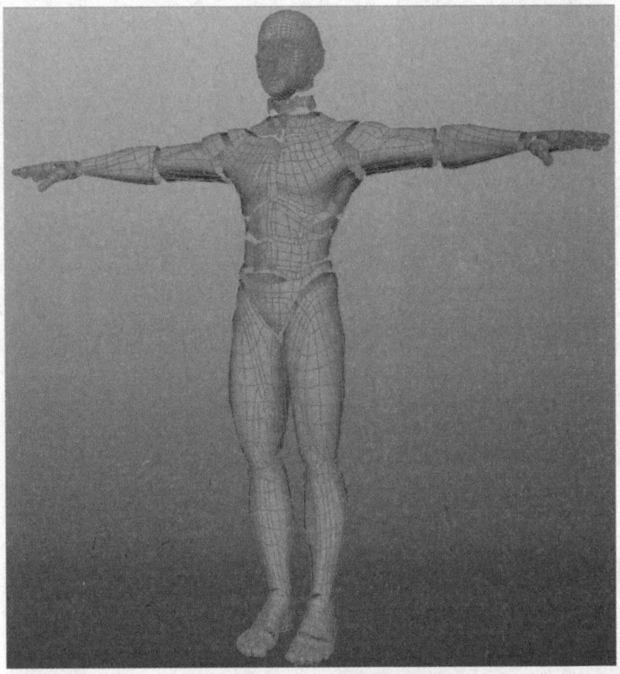

图7.17　修改角色模型

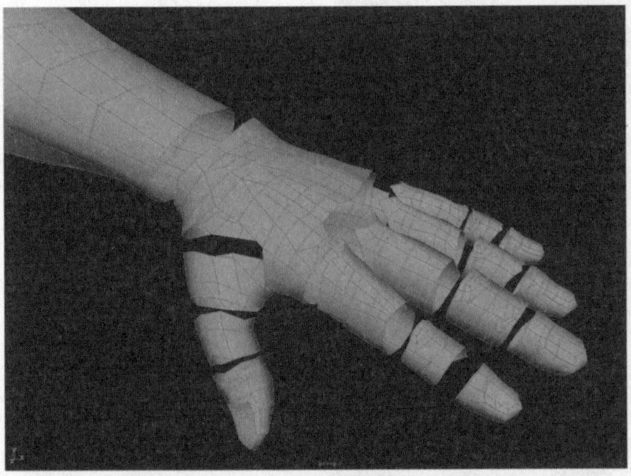

图7.18　删除角色模型的关节1

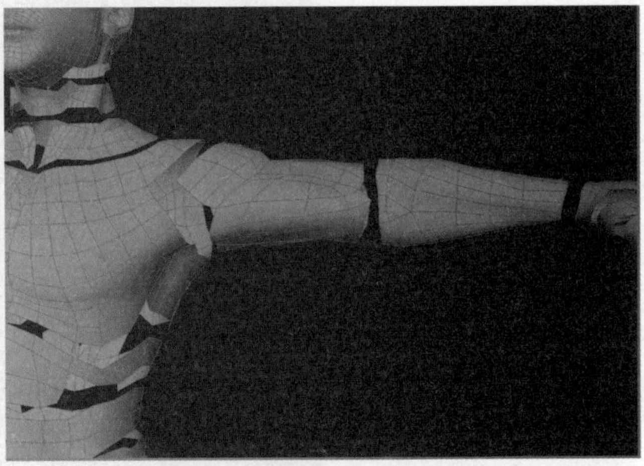

图7.19　删除角色模型的关节2

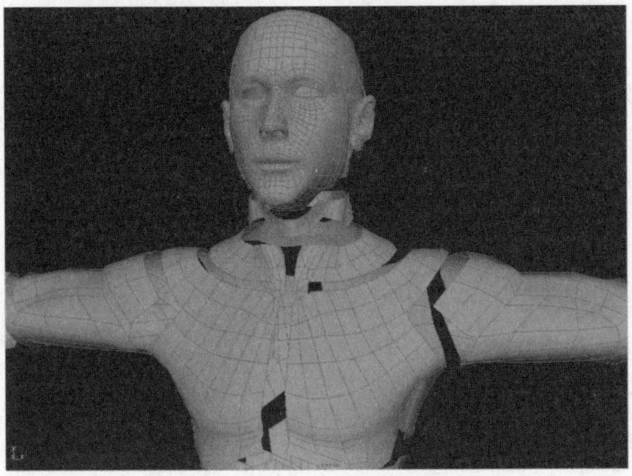

图7.20　删除角色模型的关节3

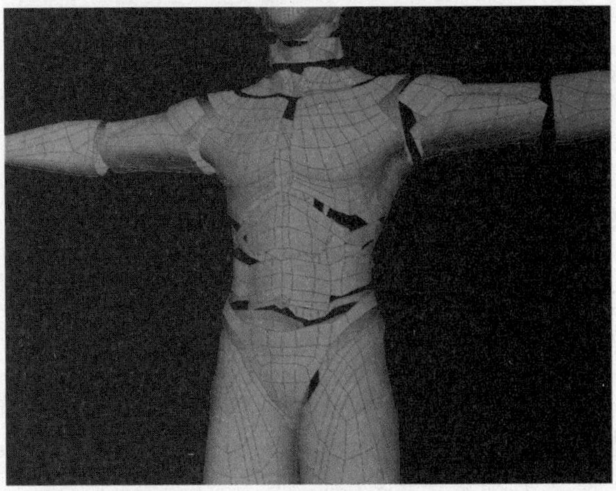

图7.21　删除角色模型的关节4

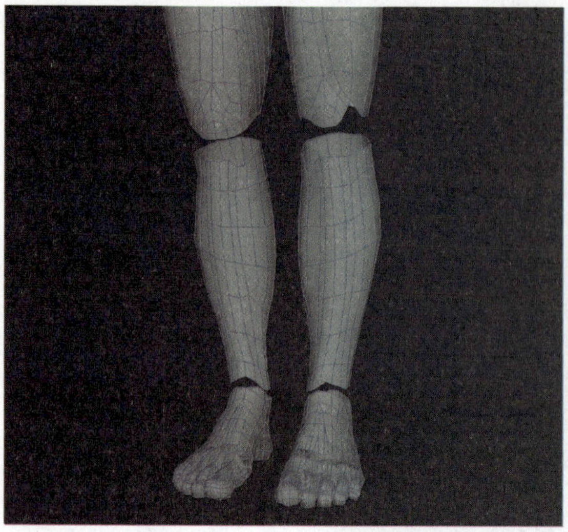

图7.22　删除角色模型的关节5

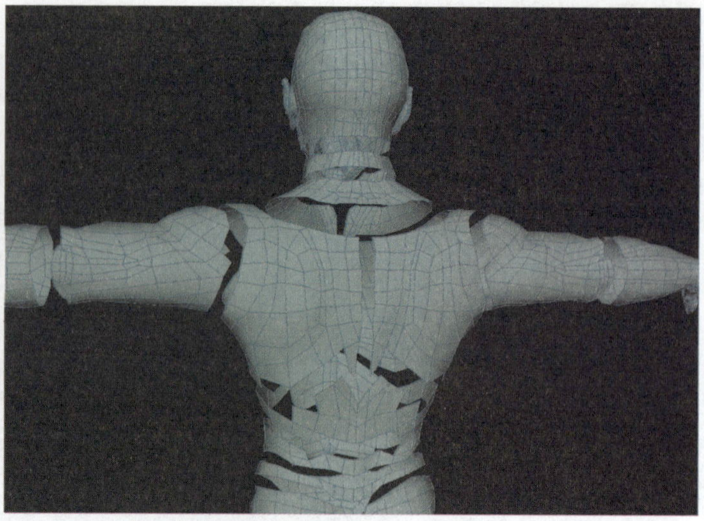

图7.23　删除角色模型的关节6

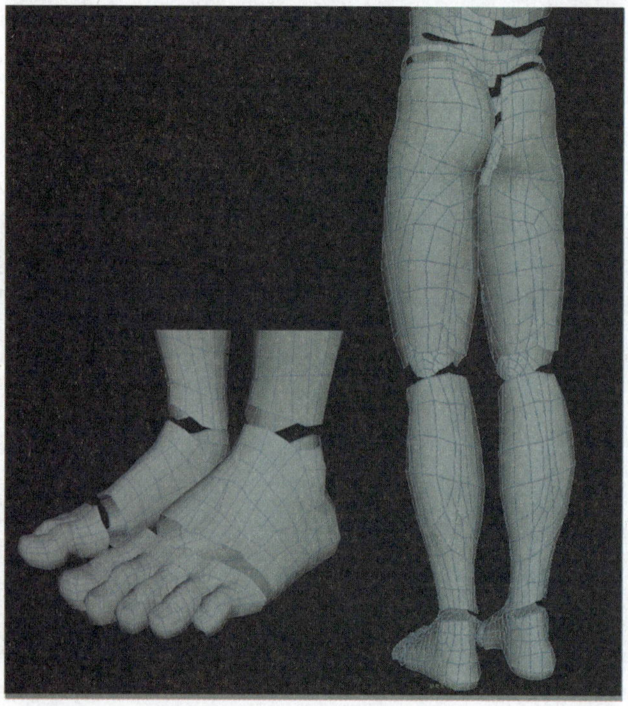

图7.24　删除角色模型的关节7

STEP 2

将模块菜单切换为Polygon，选择角色模型，执行菜单Mesh［多边形网格］_Separate［分离］，使得一个整体模型被分离成为一块一块的肢体。

匹配骨骼与模型是将角色模型变为骨骼的子物体，跟随骨骼运动。将一块一块的模型肢体按照所对应骨骼的关节，一个一个地做父子关系。在选择的顺序上是：先选择角色模型的肢体，Shift加选关节，执行菜单Edit_Parent。

匹配的过程繁琐，但是这个检查的过程需要具备相当的耐心。在匹配工作完成后，动画师进行骨骼系统的运动测试。如果是在一个动画的项目中，则要依据分镜头台本的角色动作调节一段或多段角色的动画。

STEP 3

图7.25至图7.28是骨骼系统测试时的动画截图。

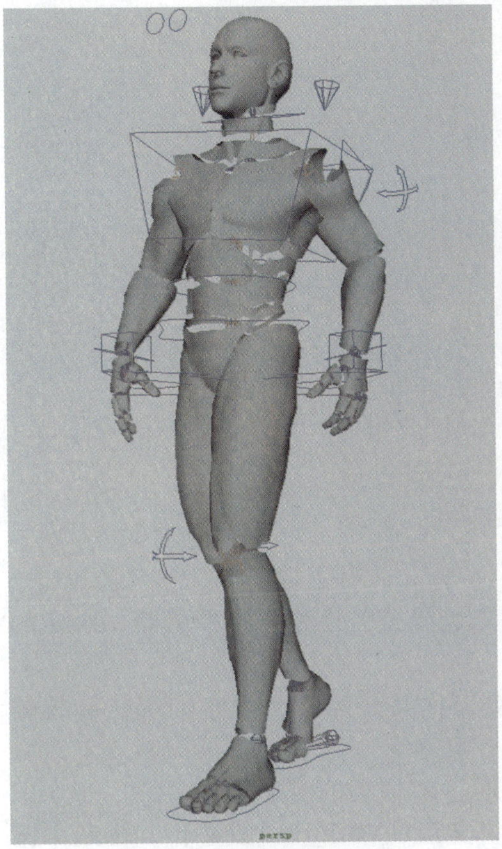

图7.25　角色骨骼系统测试1

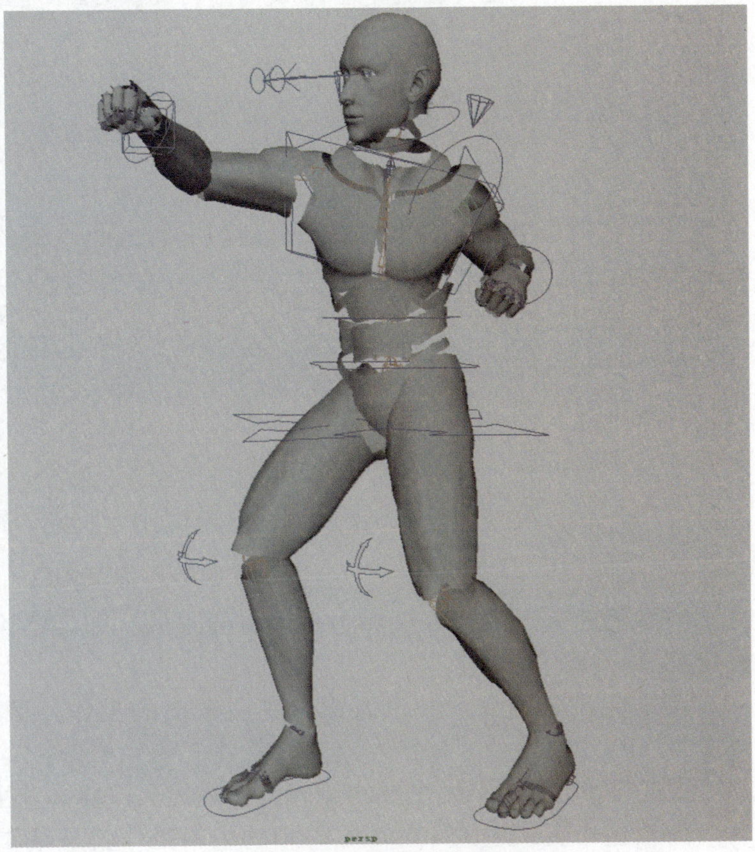

图7.26　角色骨骼系统测试2

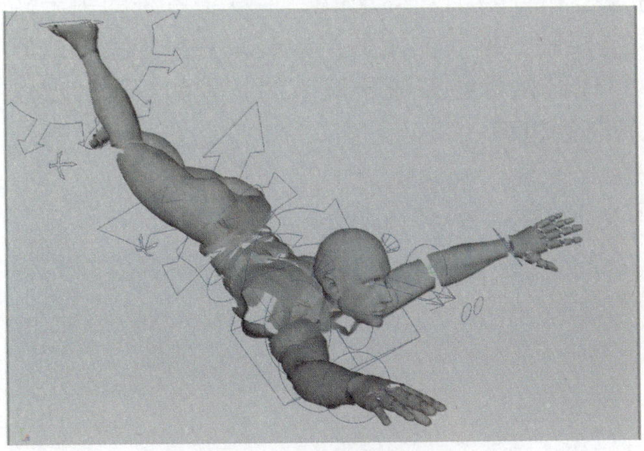

图7.27　角色骨骼系统测试3

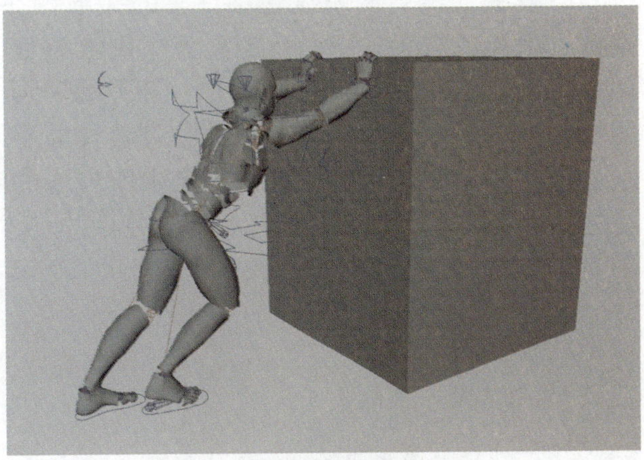

图7.28　角色骨骼系统测试4

7.3　为角色蒙皮

打开yuyang_menbody_Skeleton.mb文件。

选择模型，Shift加选跟关节Root，执行菜单Skin_Bind Skin［绑定皮肤］_Smooth Bind，Smooth Bind的选项使用默认参数。这样就可以将骨骼和模型绑定在一起了，如图7.29所示。

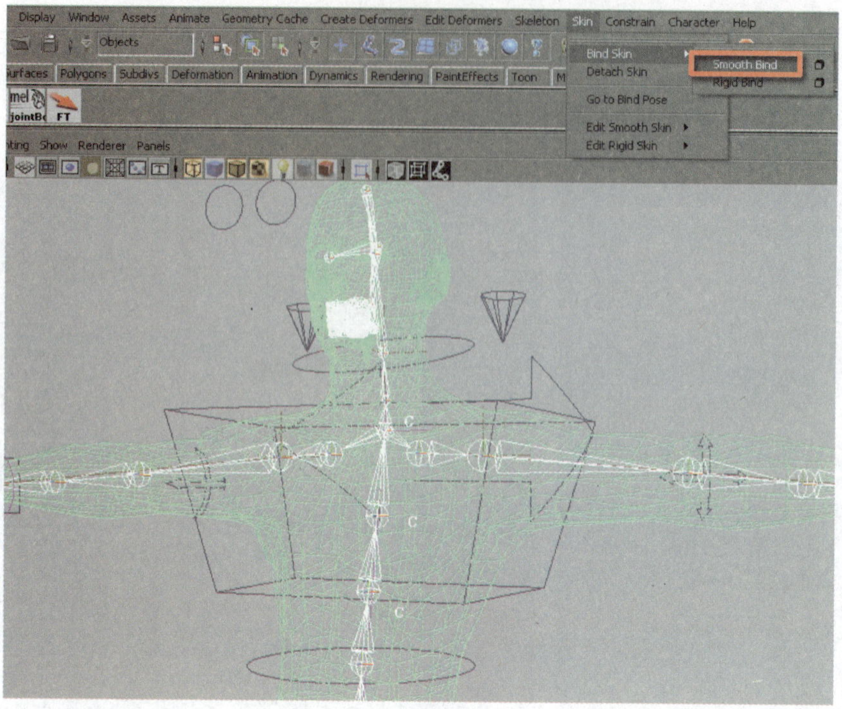

图7.29　绑定角色

绑定的时候，在选择顺序上是没有要求的，即：不论先选择模型还是先选择骨骼，绑定的效果都是一样的。

点击完绑定的命令并没有最终完成蒙皮的工作，蒙皮工作共分为两个内容：绑定和编辑绑定。

对于Rigid Bind来说主要的编辑工作是定义Flexor［屈肌］对模型的变形影响。

而在这个案例中的Smooth Bind的编辑工作就是编辑绑定后的Weight［权重］。本章中已经提到过：在Maya中定义Weight就是关节对皮肤的影响力。

一套完整的骨骼系统包括许多的关节，在将模型和骨骼相互绑定以后，骨骼系统的关节对离自己最近的模型的Vertex定义为权重值为1的完全控制，继而向周围扩散衰减，每个关节的默认绑定都是这样平均分配权重的，平均分配虽然可以区别骨骼系统中关节的长骨和短骨对皮肤的控制力，但是在每个骨节点处往往会有非平滑状态的过渡。

图7.30至图7.35就是默认绑定中所出现的问题。

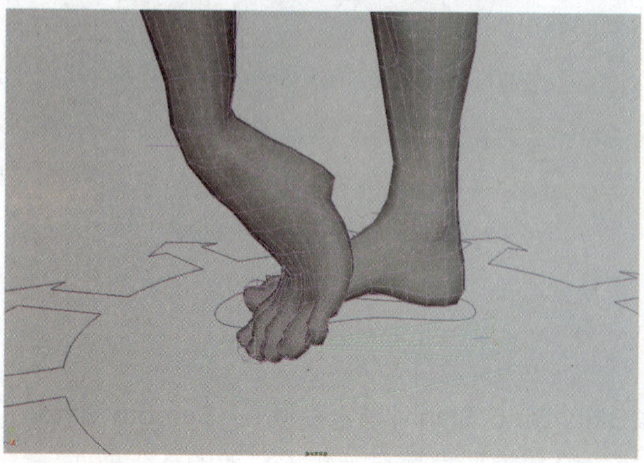

图7.30　默认绑定的问题1

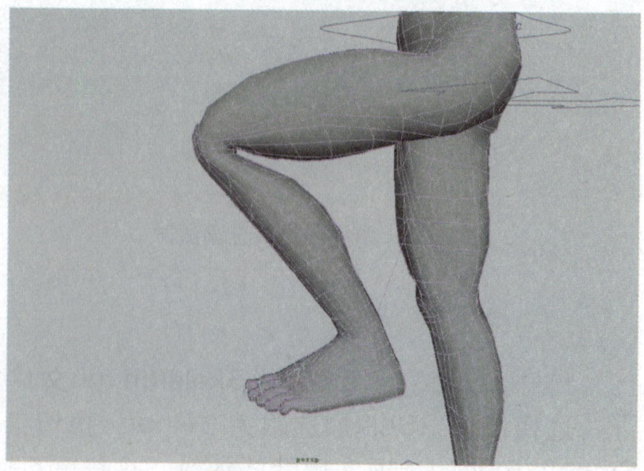

图7.31　默认绑定的问题2

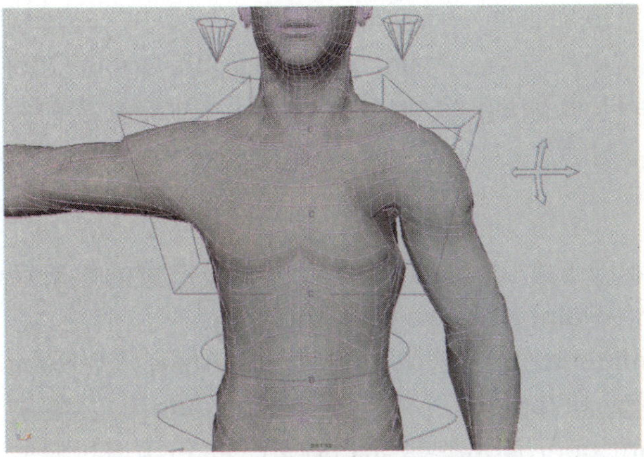

图7.32　默认绑定的问题3

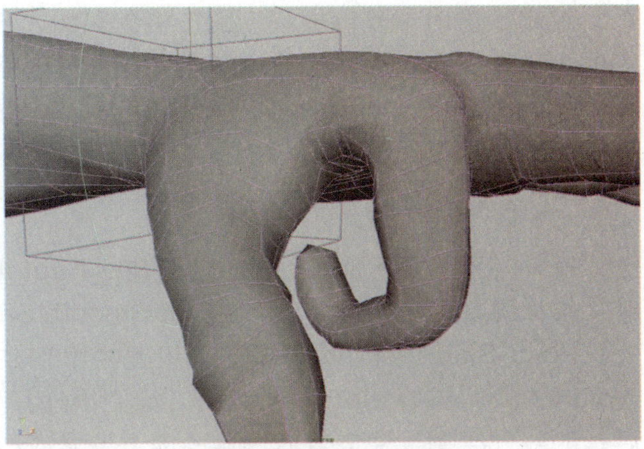

图7.33　默认绑定的问题4

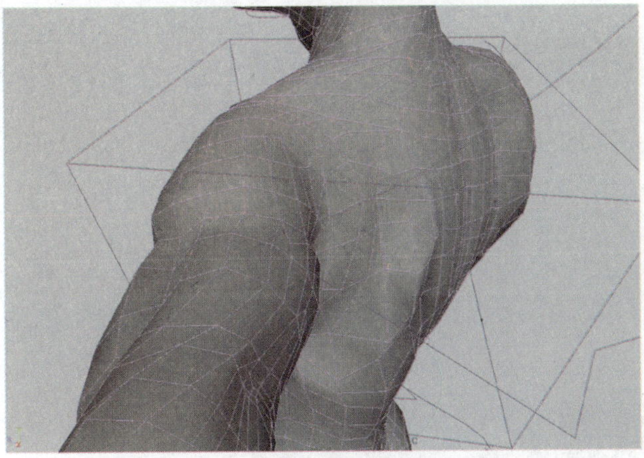

图7.34　默认绑定的问题5

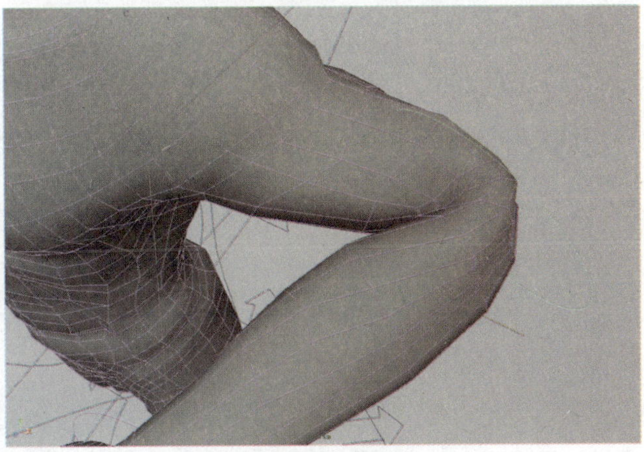

图7.35　默认绑定的问题6

7.4　权重的编辑

下面对绑定好角色的权重进行编辑，所使用的工具主要有两个Component Editor和Paint Skin Weights Tool，如图7.36和7.37所示。

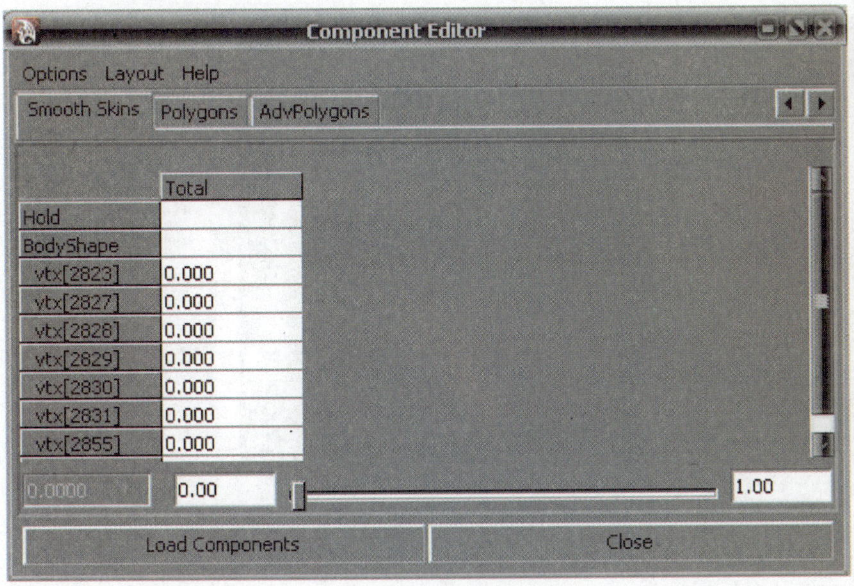

图7.36　元素编辑器

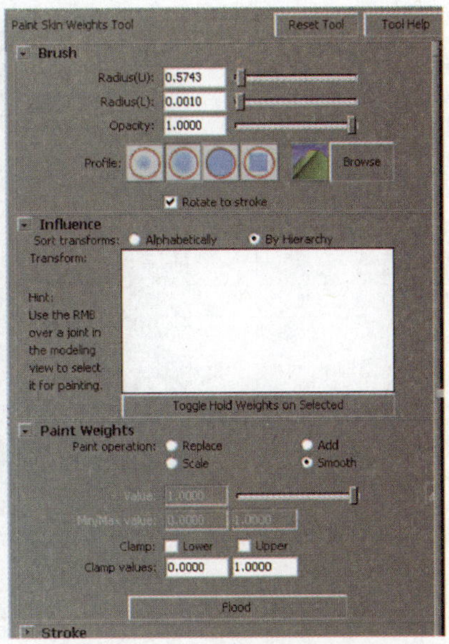

图7.37　绘制权重工具

编辑权重时，只编辑模型的一侧就可以，权重值和骨骼一样是可以镜像的。对于已经绘制完成权重的关节，为了防止受其他关节权重的影响，一定要在Paint Skin Weights Tool的Tool Settings面板中的Influence选项卡下点击"Toggle Hold Weights on Selected"，锁定在当前关节下的权重数值。

7.4.1 编辑脚部权重

选择控制器L_FootControl，调整L_Foot_Roll为5或10，此时会发现错误最严重的是脚后跟。选择模型，执行菜单Skin→Edit Smooth Skin→Paint Skin Weights Tool。

Paint Skin Weights Tool工具设置栏中：在Influnce部分，选择控制关节L_Ankle；在Paint Weights部分修改Paint operation［绘制操作］类型为Replace［替换］；设置Value为1，在脚后跟的部分绘制。注意弯曲过渡的地方要修改Paint operation类型为Smooth，进行平滑过渡的绘制，如图7.38所示。

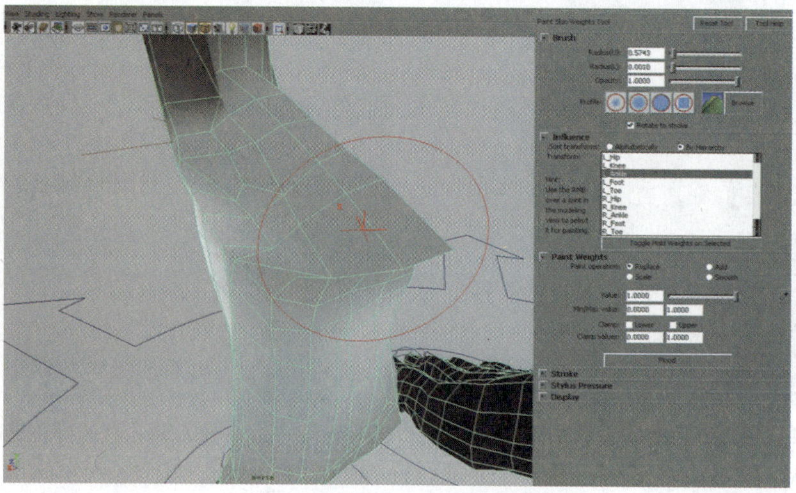

图7.38　编辑脚后跟部分的权重1

在绘制脚后跟部分的权重时，需要考虑哪一个跟关节主要控制，哪一个跟关节需要平滑过渡。绘制的效果如图7.39所示。

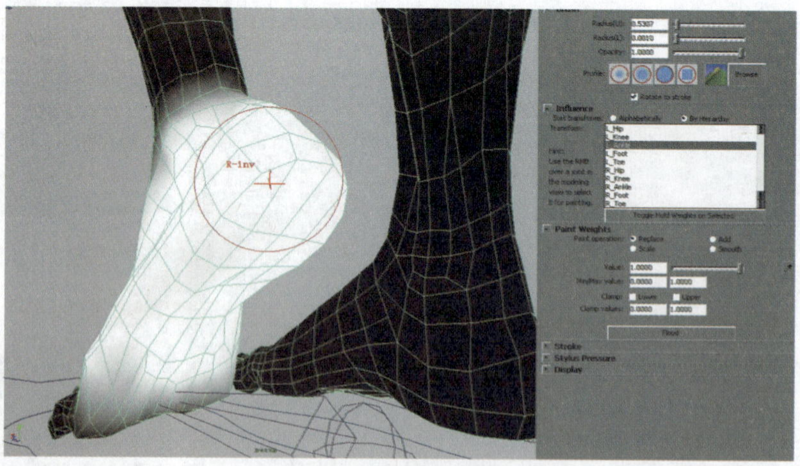

图7.39　编辑脚后跟部分的权重2

脚后跟和脚背部分的皮肤主要由关节L_Ankle控制，而较之部分的皮肤主要由关节L_Foot控制，如图7.40所示。

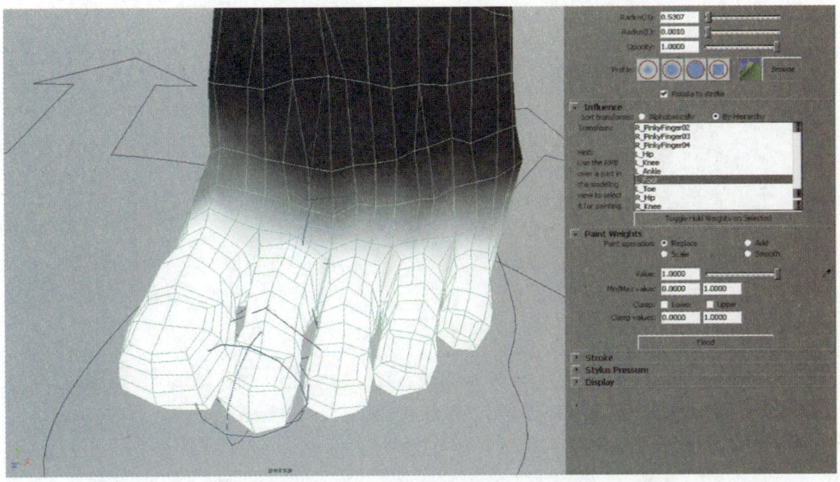

图7.40 编辑脚趾部分的权重1

处理脚趾部分的权重还应该注意脚面弯曲时与脚背以及脚掌的过渡，如图7.41至图7.43所示。

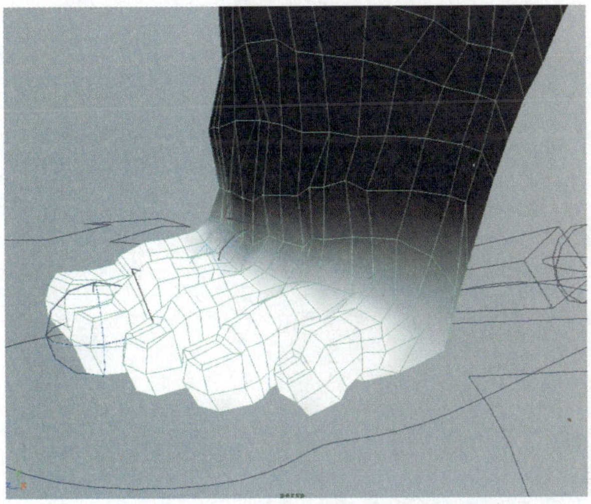

图7.41 编辑脚趾部分的权重2

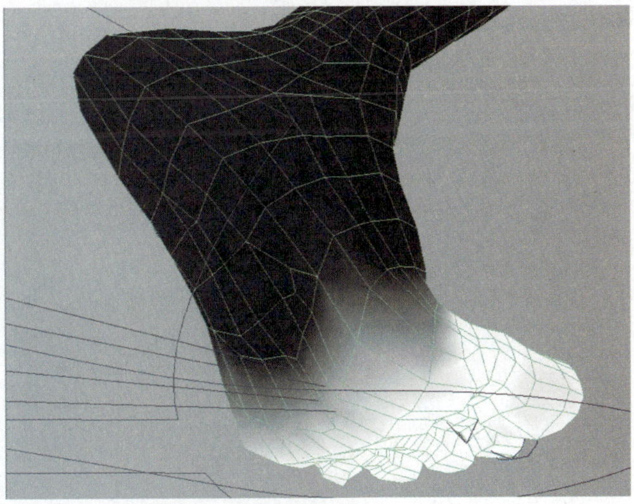

图7.42 编辑脚趾部分的权重3

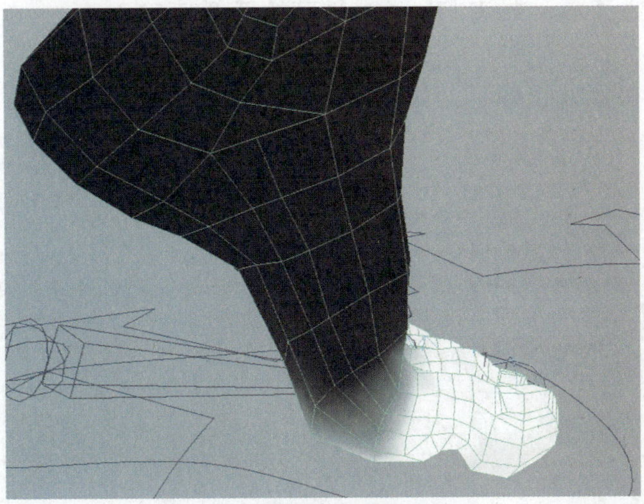

图7.43 编辑脚趾部分的权重4

将身体重心下压时，会发现脚面上有两个Vertex有了不规则的变形，如图7.44所示。

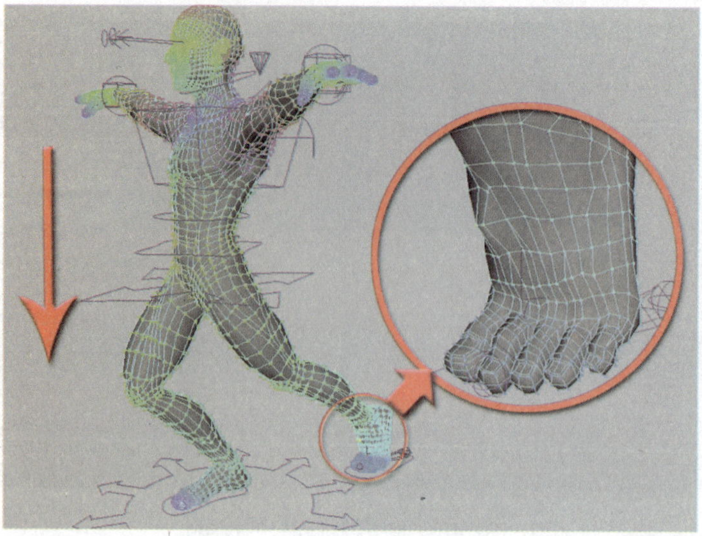

图7.44　编辑脚趾部分的权重5

使用Component Editor查看。这两个元素虽然已经被关节L_Ankle控制，但是在关节R_Toe上也有控制的权重值，如图7.45所示。

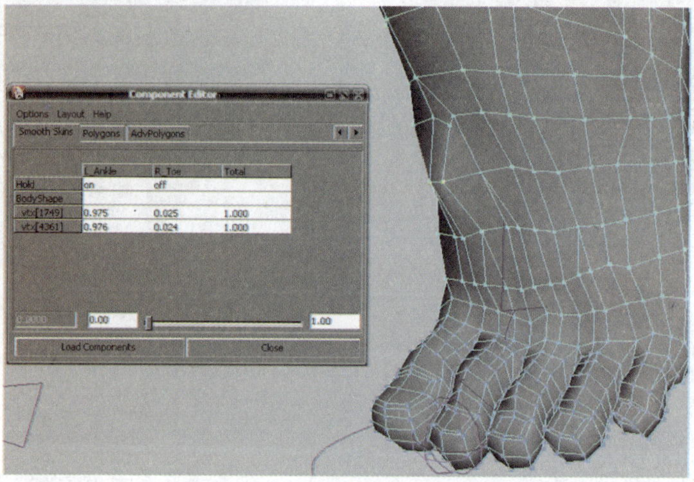

图7.45　编辑脚趾部分的权重6

将L_Toe下的两个值清零，或者将L_Ankle下的两个值输入为1，就可以做到这两个Vertex只受控于关节L_Ankle。

此时，脚面部分的权重就正确了，如图7.46所示。

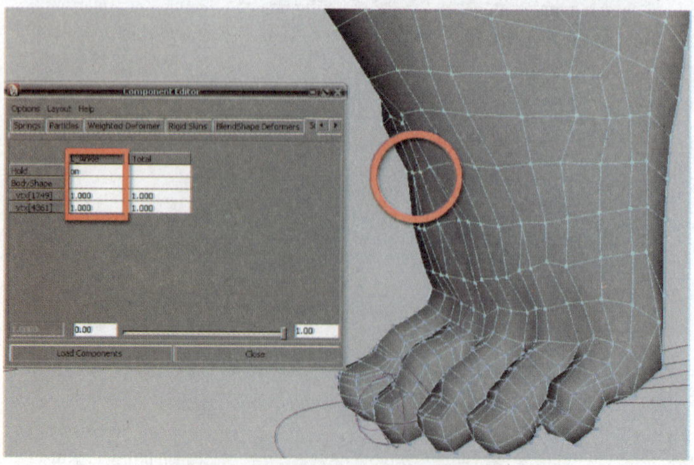

图7.46　编辑脚趾部分的权重7

7.4.2 编辑腿部权重

目前，腿部的权重所存在的问题是当大腿与小腿部接近于垂直状态时，中间的过渡会很不自然，膝盖部分有不正确的变形，如图7.47所示。

使用Paint Skin Weights Tool绘制腿部的权重，需要选择的影响骨骼是大腿的根骨和膝盖骨。以左腿为例：关节L_Hip和关节L_Knee，如图7.48所示。

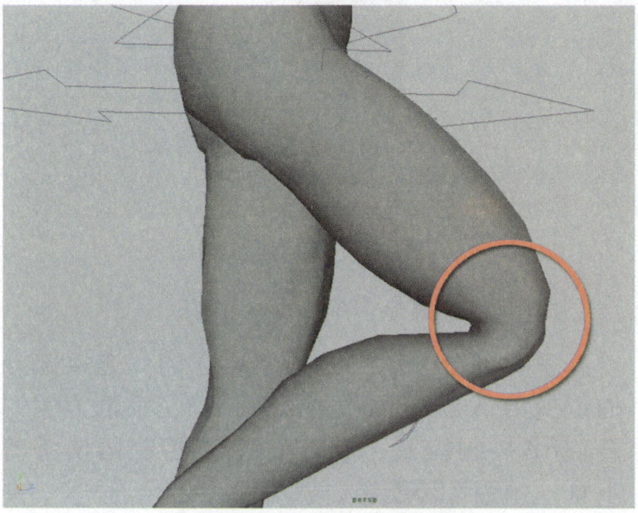

图7.47 编辑腿部的权重1

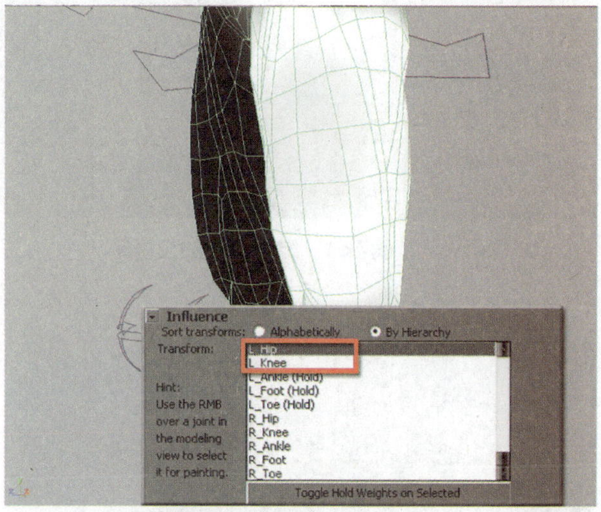

图7.48 编辑腿部的权重2

绘制控制关节L_Knee时注意膝盖部分的转折过渡要平滑，膝盖在运动时会突出，变得明显，如图7.49所示。

膝盖部分的转折要平滑而且突起，进入Component Editor编辑模型膝盖部分的Vertex可以做出更加细致的调整。通过Component Editor面板下端的滑块调整满意的控制力度，如图7.50所示。

图7.49 编辑腿部的权重3

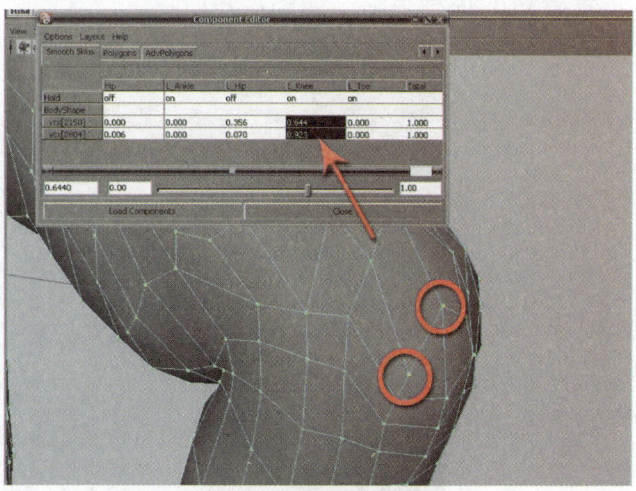

图7.50 编辑腿部的权重4

绘制控制关节L_Hip时要注意大腿与臀部的平滑过渡，如图7.51和图7.52所示。

编辑完腿部和脚部的权重后并代表对下肢的处理已经完成。刷权重和建立模型的过程是一样的：处理完大概的部分后还需要在最后进行整体的运动检查，并做最终的调整。

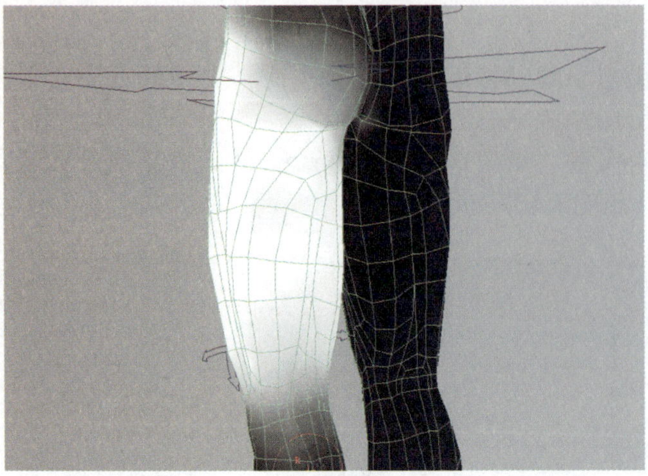

图7.51　编辑腿部的权重5

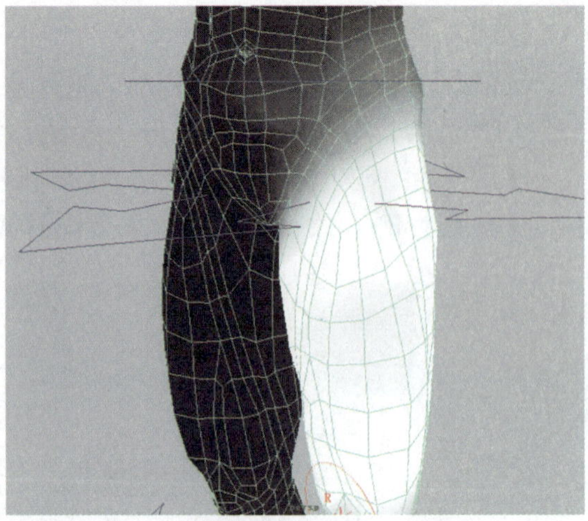

图7.52　编辑腿部的权重6

7.4.3　编辑手臂权重

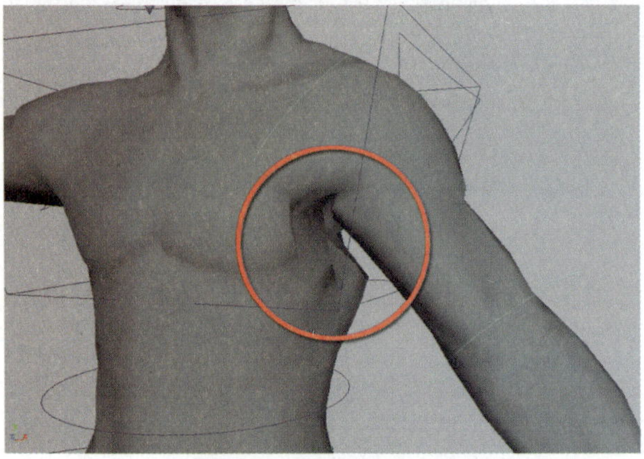

图7.53　编辑手臂的权重1

手臂部分和胸部是紧紧相连的，连接部分的形变自认也是最为重要的。以左手臂为例：开启FK控制模式，旋转肩膀FK控制器使手臂下垂，如图7.53所示。

此时肩膀、腋下以及手臂的过渡都存在严重的问题。

躯干部分的权重可以稍后绘制，目前主要绘制手臂骨骼的控制力度。进入权重画笔模式，选择当前关节为L_Shoulder，调整Paint operation类型为Replace；设置Value为0，将手臂部分多出来的灰色或白色区域涂黑，缩小手臂骨骼的控制范围，如图7.54所示。

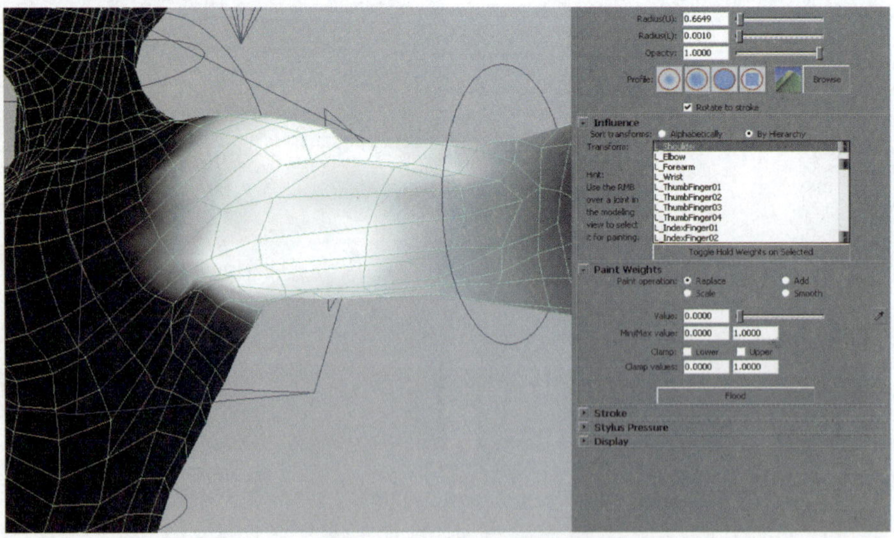

图7.54　编辑手臂的权重2

确定了前臂骨骼的控制范围，接下来就是绘制关节连接部位的过渡。在绘制腋下过渡面时，将Paint operation的类型转换为Smooth，按住键盘B键，点住鼠标左键向左调整画笔使笔尖变小，精细的绘制每个过渡的Vertex，如图7.55和图7.56所示。

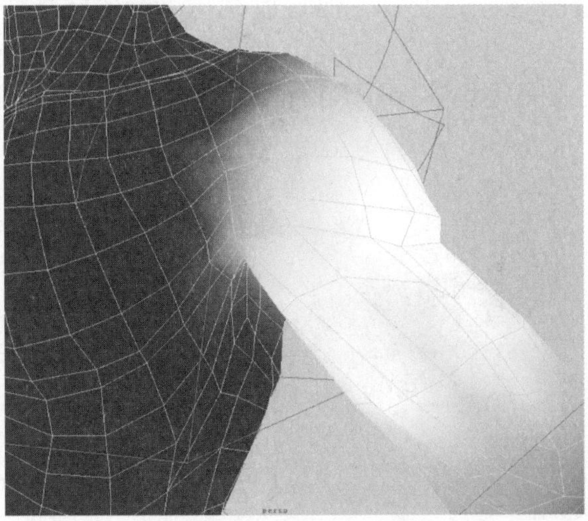

图7.55　编辑手臂的权重3

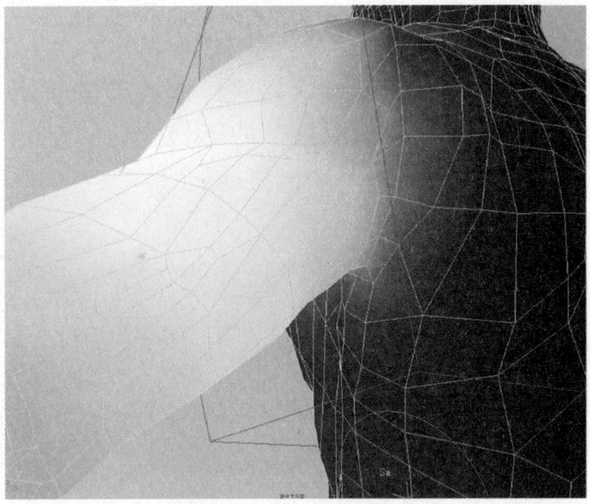

图7.56　编辑手臂的权重4

选择关节L_Clavicle，绘制它与臂膀连接部分的权重，并绘制出L_Clavicle关节的控制范围，如图7.57所示。

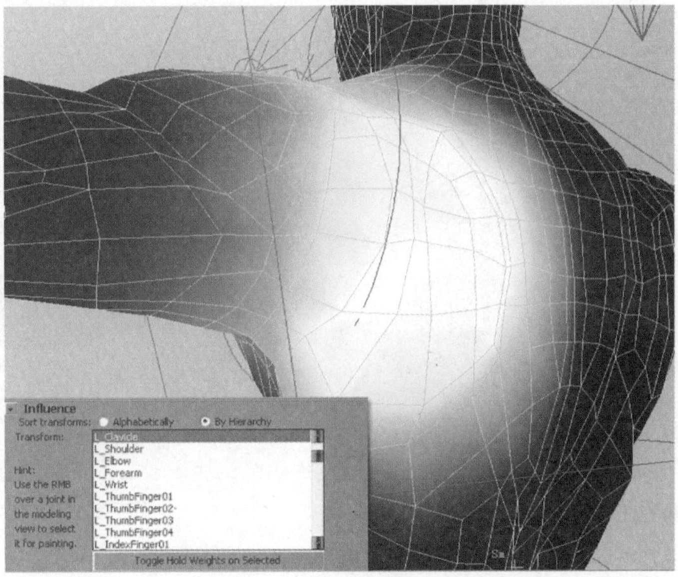

图7.57　编辑手臂的权重5

绘制完成后，手臂在摆动时，连接处会非常自然，如图7.58和图7.59所示。

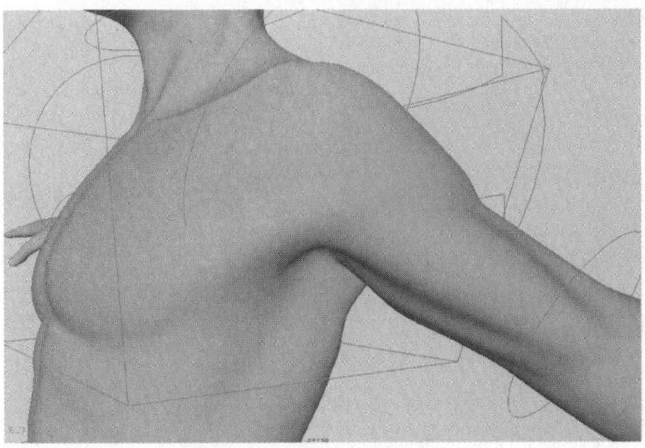

图7.58　编辑手臂的权重6

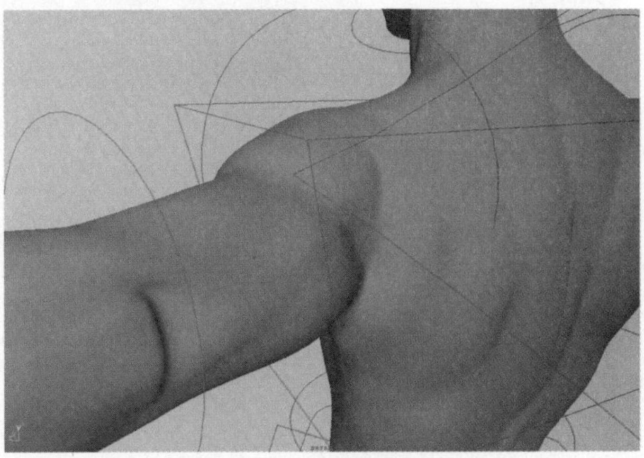

图7.59　编辑手臂的权重7

下面绘制大臂与小臂的权重。虽然大臂的权重已经绘制过了，但是放在与小臂的转折中仍需要修改。

选择关节L_Elbow，轻轻绘制关节的转折处，如图7.60、图7.61和图7.62所示。大臂和小臂转折时一定要突出肘关节的形状。

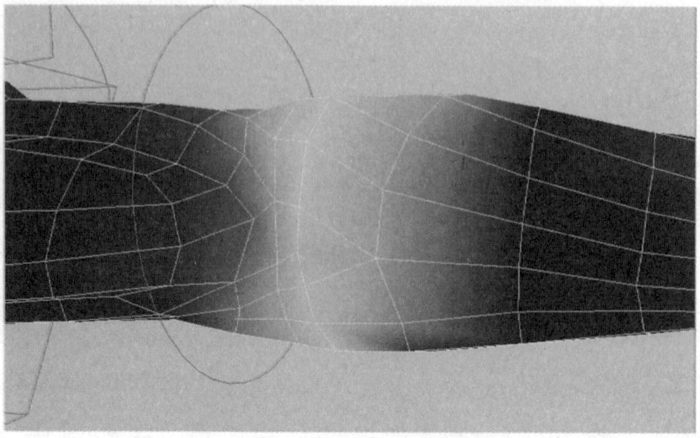

图7.60　编辑手臂的权重8

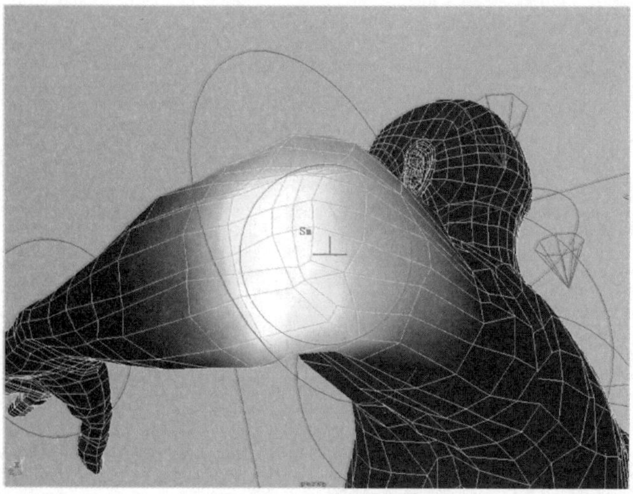

图7.61　编辑手臂的权重9

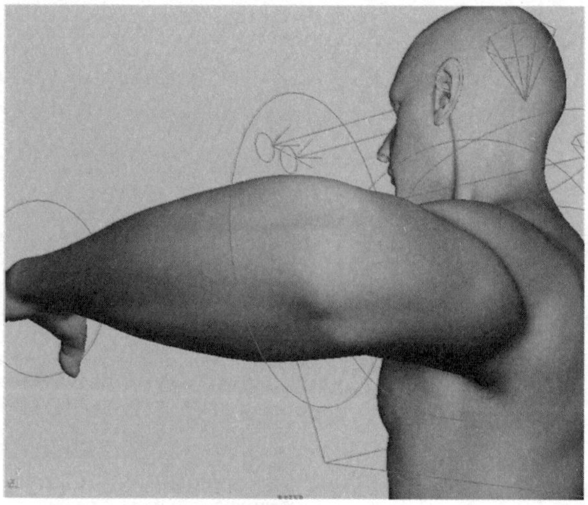

图7.62　编辑手臂的权重10

突出肘关节的形状可以最大限度地接近现实，如图7.63所示。

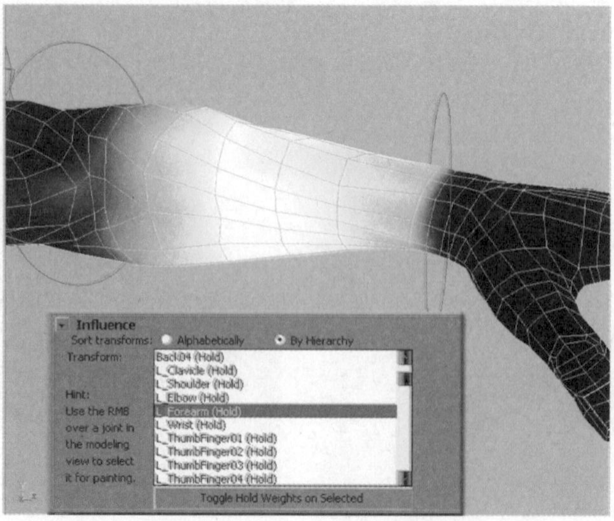

图7.63　编辑手臂的权重11

旋转左手腕关节的控制器L_Wrist，注意观察分析前臂旋转运动中的肌肉变形，如图7.64所示。

绘制手部的权重时，需要考虑的因素比较多：手臂与手掌转折的手腕以及手掌和各个手指之间的关节应该如何过渡。

从解剖学的角度分析，手部在运动时手指骨节永远以手掌骨成垂直或平行状态，手指每一根关节的过渡都要平滑但要突出骨节的形状。

选择手腕关节L_Wrist。使用Paint operation的Replace模式下Value为1的笔触，首先确定L_Wrist的控制范围，再使用Paint operation的Smooth类型绘制过渡部分，如图7.65和图7.66所示。

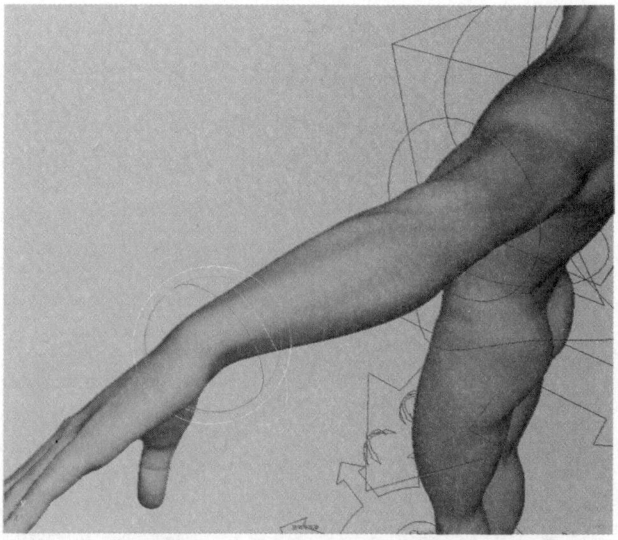

图7.64 编辑手臂的权重12

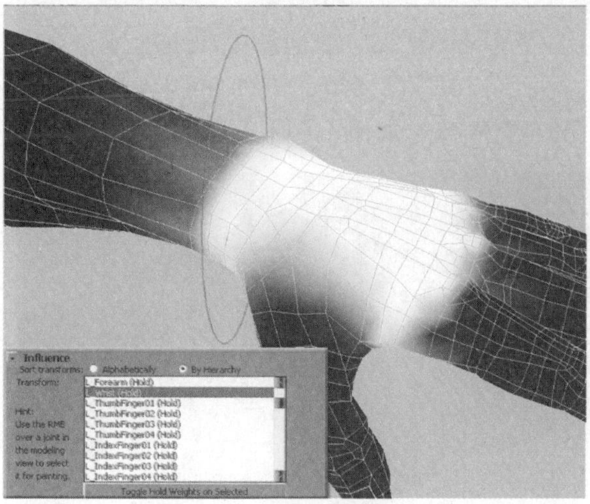

图7.65 编辑手臂的权重13

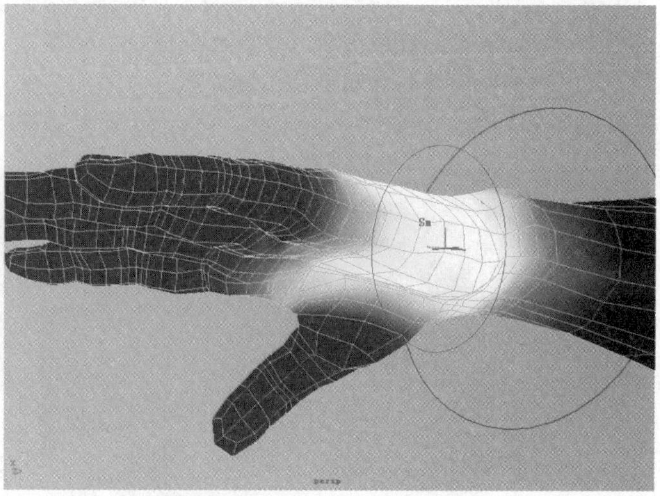

图7.66 编辑手臂的权重14

更加细致的操作也可以使用Paint operation的Add类型，将Value调整为一个大于零而小于一的数值。用权重画笔绘制时，所画之处每喷涂一次就会增加一次Value的数值。在Add类型中，Value的数值越小绘制的就会越细腻。

手腕正确的转折，如图7.67和图7.68所示。

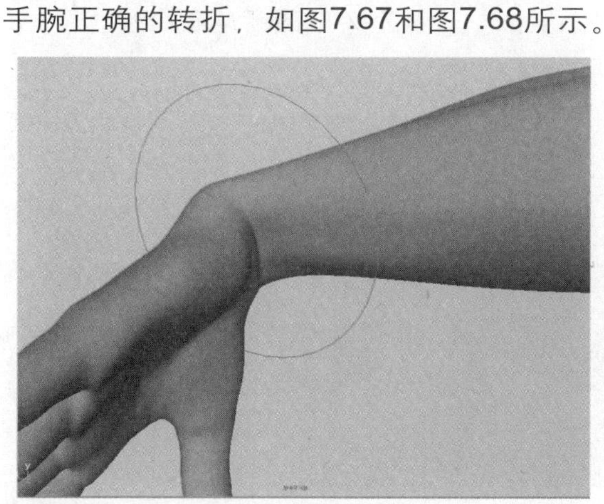

图7.67 编辑手臂的权重15

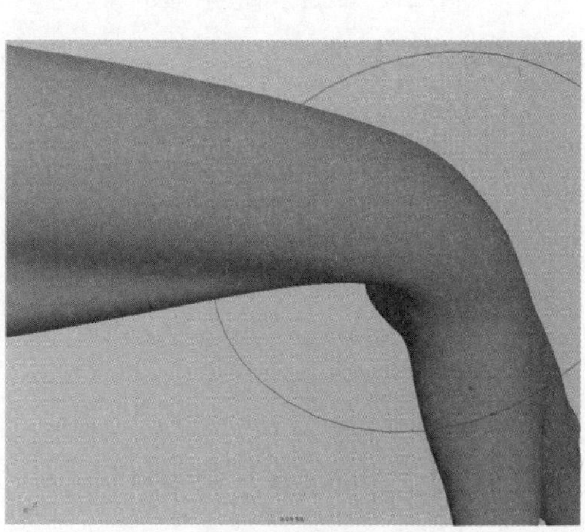

图7.68 编辑手臂的权重16

7.4.4 编辑手指权重

手指骨骼在分配权重时，需要注意手指与手掌的关系。在手掌握拳和伸平的两种状态下表面肌肉的弯曲程度是不一样的。每根手指单独弯曲都会对手掌造成拉伸。

以左手食指为例，选择左手指关节L_IndexFinger01，绘制如图7.69和图7.70所示的权重。

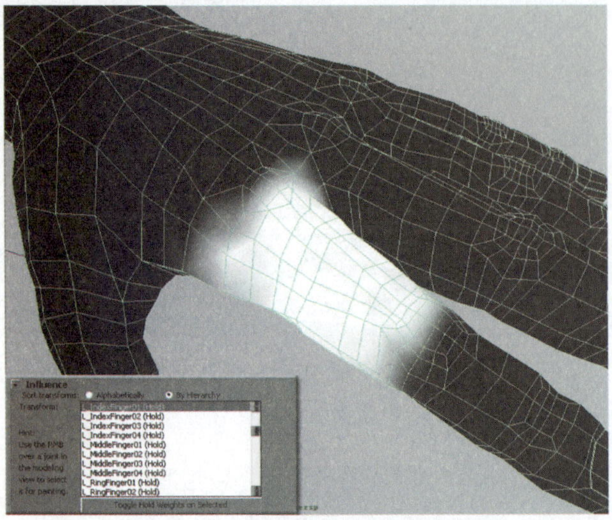

图7.69 编辑手指的权重1

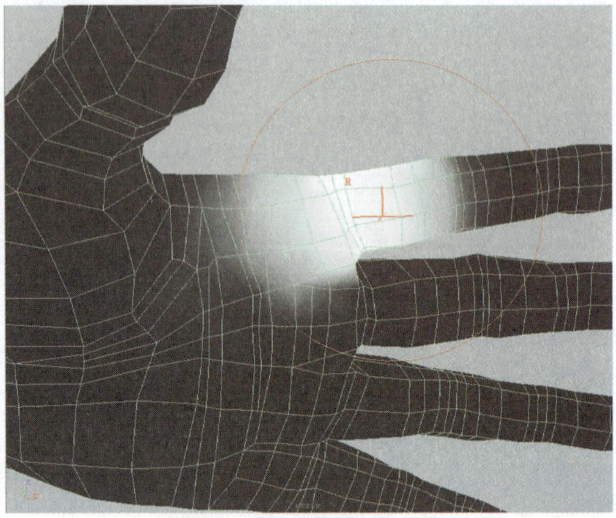

图7.70 编辑手指的权重2

选择关节L_IndexFinger02，以同样的方法绘制下一个关节，如图7.71和图7.72所示。

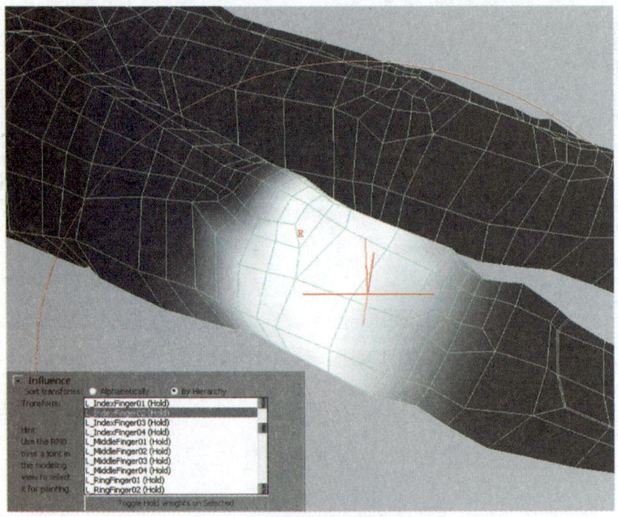

图7.71 编辑手指的权重3

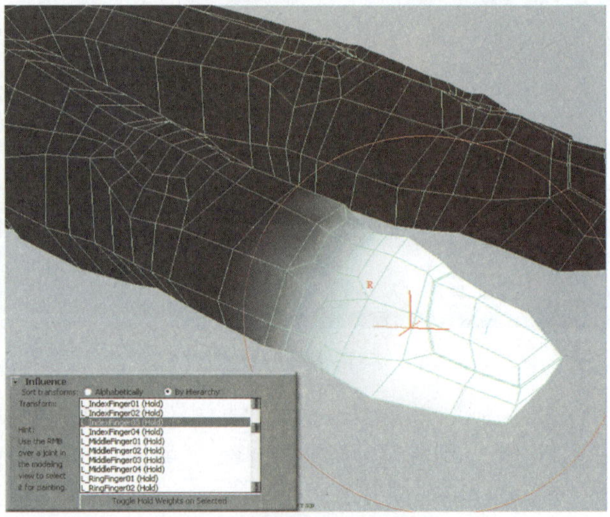

图7.72 编辑手指的权重4

食指绘制完成后的状态如图7.73和图7.74所示。

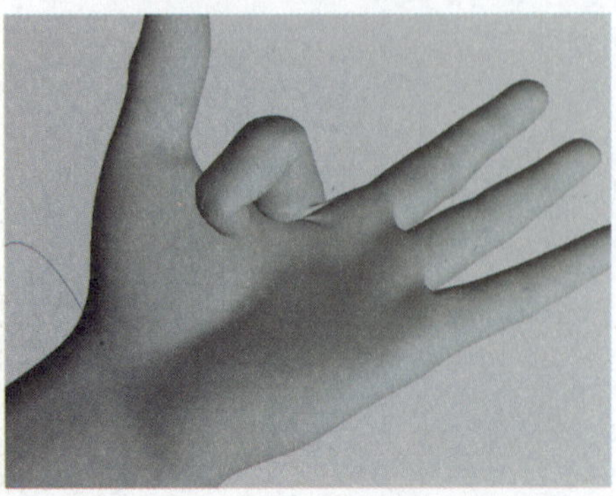

图7.73 编辑手指的权重5

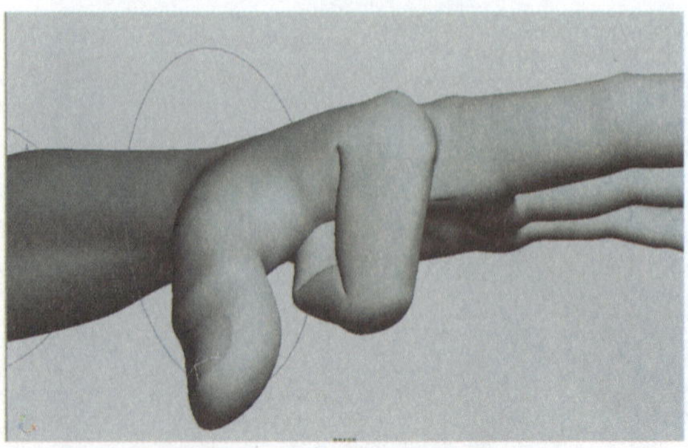

图7.74 编辑手指的权重6

下面绘制左手大拇指部分的权重，仍然要注意手指和手掌的过渡。

手掌到拇指根部权重的绘制必须谨慎绘制，使得拇指运动时能够带动手掌肌肉的变形，如图7.75至图7.78所示。

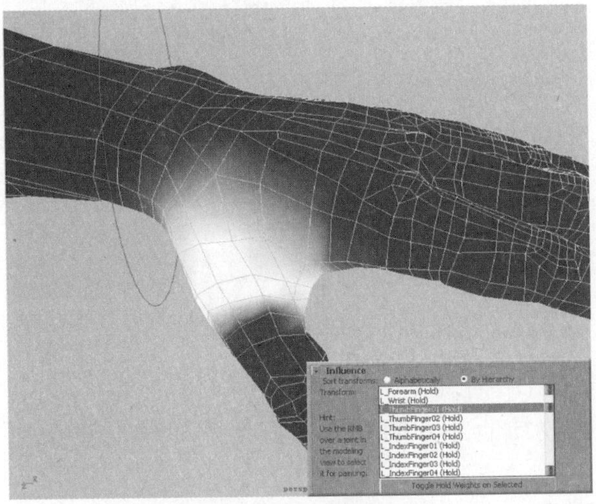

图7.75 编辑手指的权重7

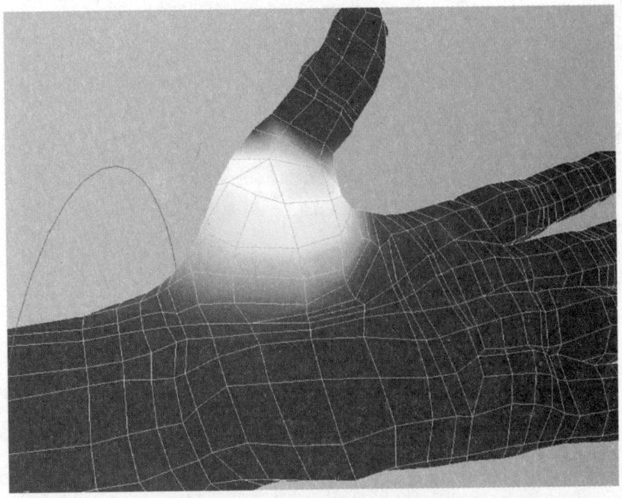

图7.76 编辑手指的权重8

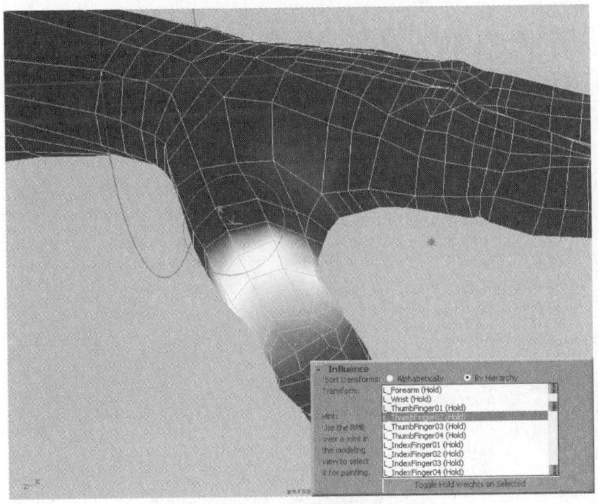

图7.77 编辑手指的权重9

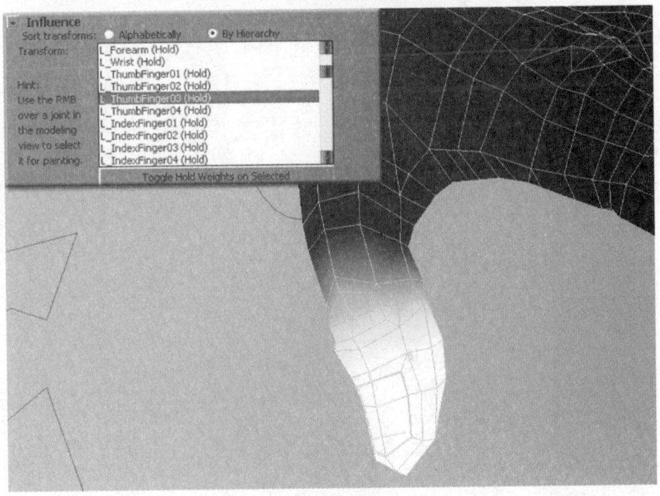

图7.78 编辑手指的权重10

绘制完成后一定要使用控制器进行频繁的测试，直到满意为止。手部运动时的正确形态，如图7.79至图7.82所示。

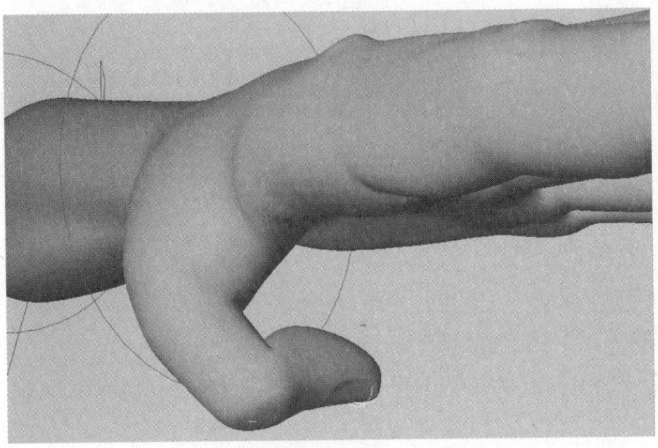

图7.79 编辑手指的权重11

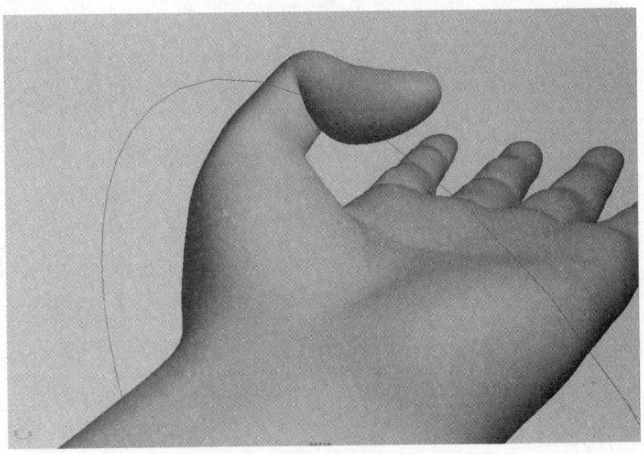

图7.80 编辑手指的权重12

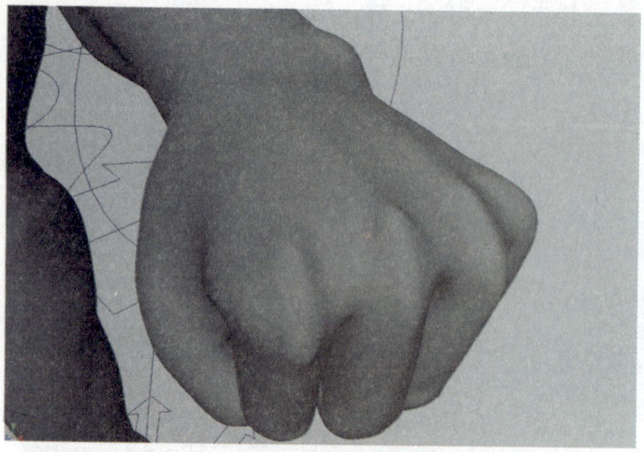

图7.81　编辑手指的权重13

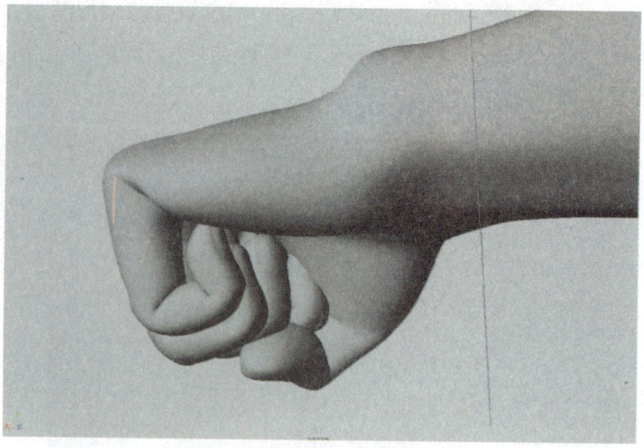

图7.82　编辑手指的权重14

在手部运动各种形态的时候，最需要突出的就是骨节的形状。

无论体态肥胖的还是消瘦的人，手部的骨骼都是较其他部分明显的。握拳的时候，骨头包括骨节都显得更为明显。

7.4.5　编辑躯干权重

躯干部分是整个身体的中心，在运动的时候四肢都是以躯干为核心定位的，躯干运动时的变形形态举足轻重。图7.83 和图7.84 内红色边框内指出的是在运动时躯干部分经常发生形体变化的部位，也是编辑权重时要重点观察的地方。

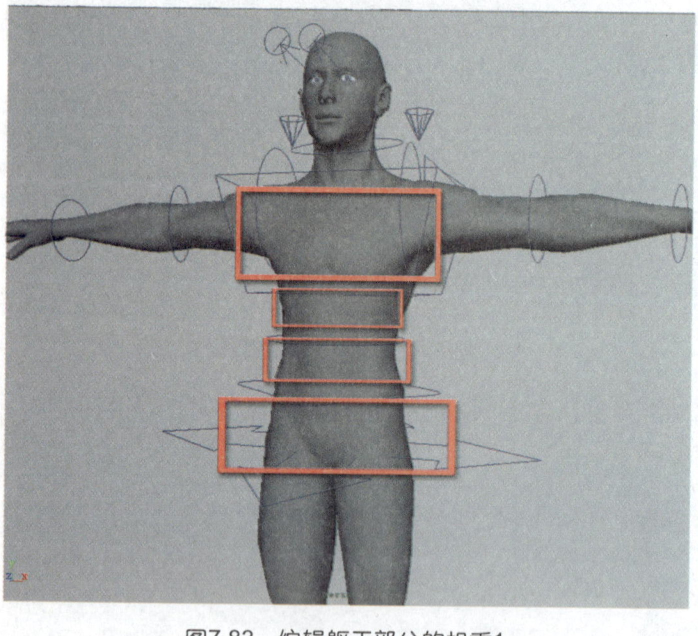

图7.83　编辑躯干部分的权重1

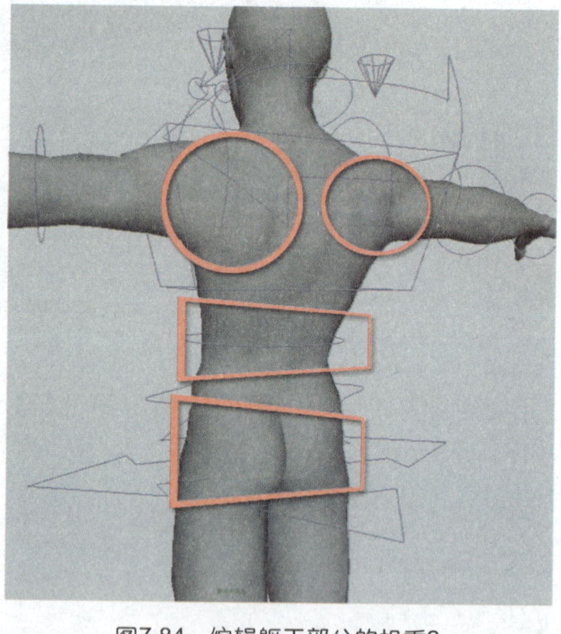

图7.84　编辑躯干部分的权重2

这些部位的形体变化都与四肢的定位息息相关，互相影响、互相制约。下面的图例显示的是躯干骨骼的每一个关节相对应的控制区域，以供参考。

关节Hip主要控制的是腹股沟以及腹股沟韧带的部位，起到了连接大腿的过渡作用，要尽量多地使用Smooth操作类型的权重画笔绘制过渡区域，如图7.85所示。

在背部，将臀大肌、臀中肌以及背展肌也刷给Hip关节，平滑背展肌和臀中肌的过渡，如图7.86所示。

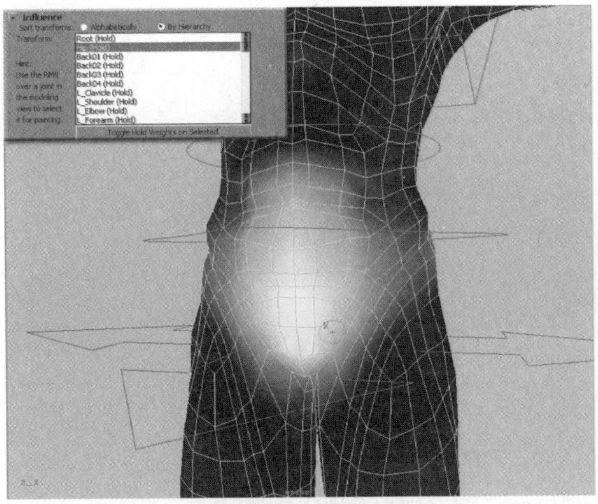

图7.85　编辑躯干部分的权重3

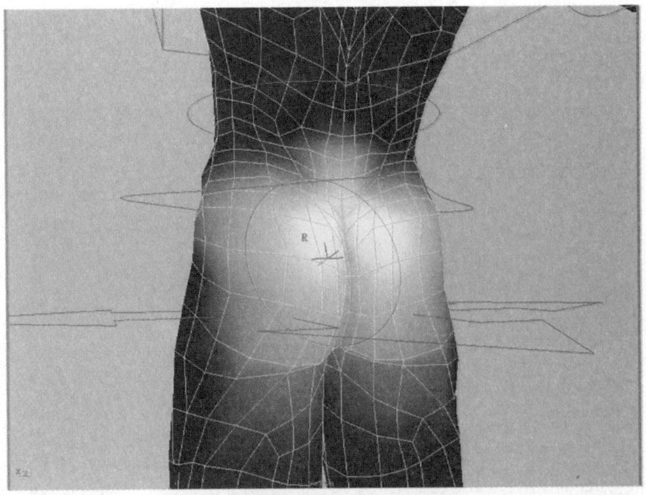

图7.86　编辑躯干部分的权重4

Back01关节控制躯干中的腰部以及与小腹部分的过渡部分，如图7.87和图7.88所示。

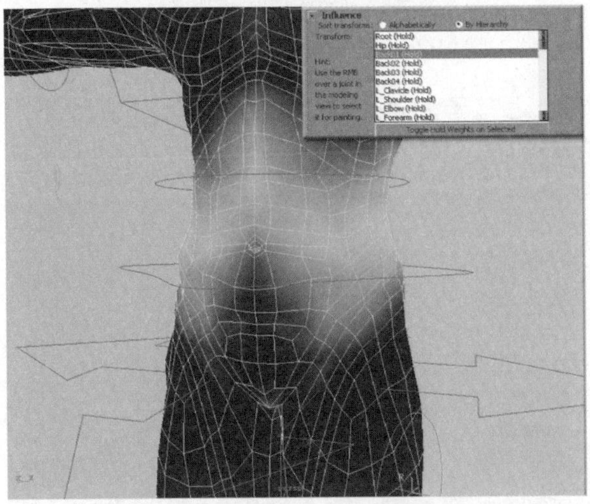

图7.87　编辑躯干部分的权重5

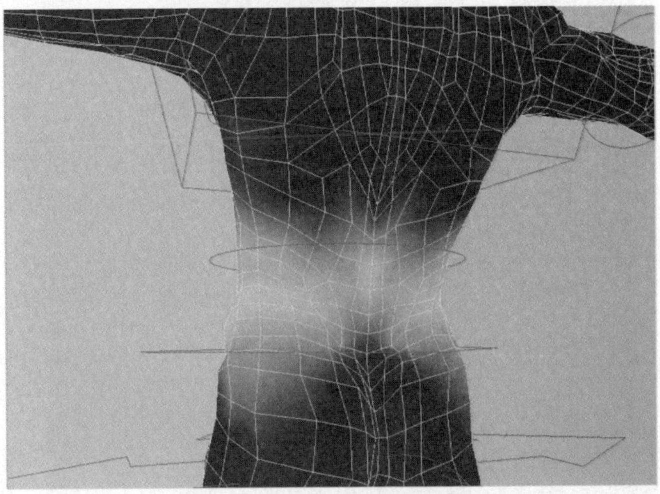

图7.88　编辑躯干部分的权重6

关节Back02控制了包括前锯肌、一部分背阔肌在内的腰部与胸部之间的部分，如图7.89和7.90所示。

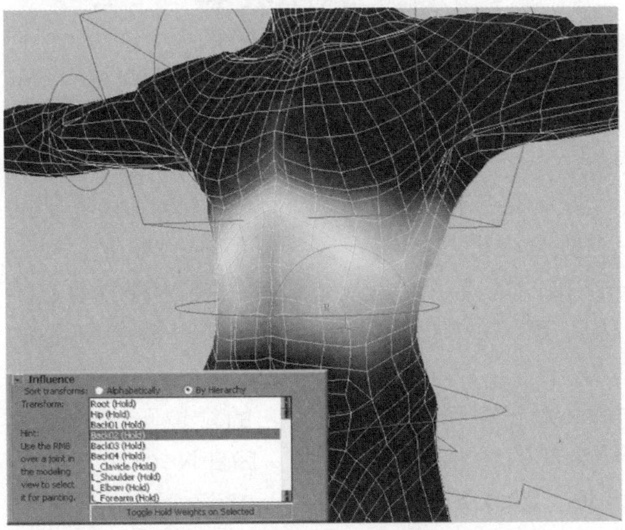

图7.89　编辑躯干部分的权重7

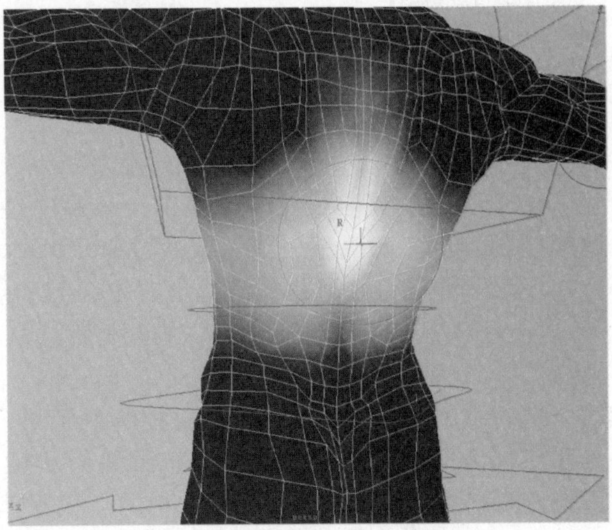

图7.90　编辑躯干部分的权重8

Back03关节控制了整个的胸大肌、上半部分的前锯肌以及背部一小部分的过渡，如图7.91和7.92所示。

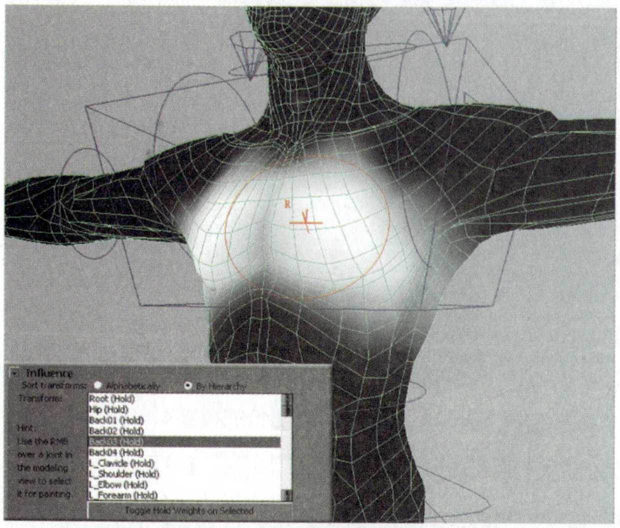

图7.91　编辑躯干部分的权重9

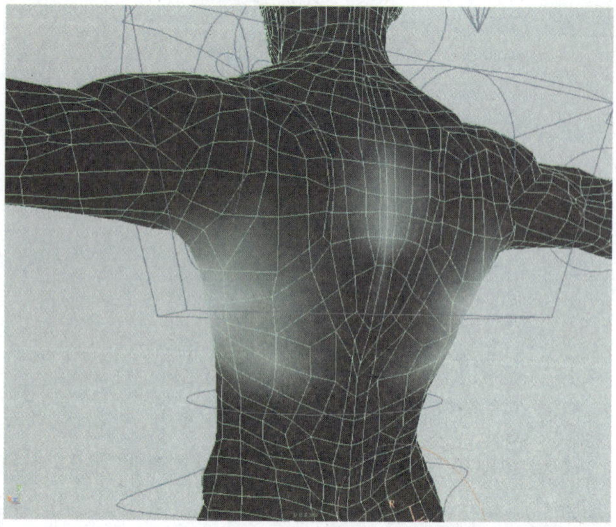

图7.92　编辑躯干部分的权重10

关节Back04是与颈部关节连接的地方，过渡的成分比躯干的其他关节多，因此对锁骨部分和脖子根部所控制的力度趋近于Smooth。效果如图7.93和图7.94所示。

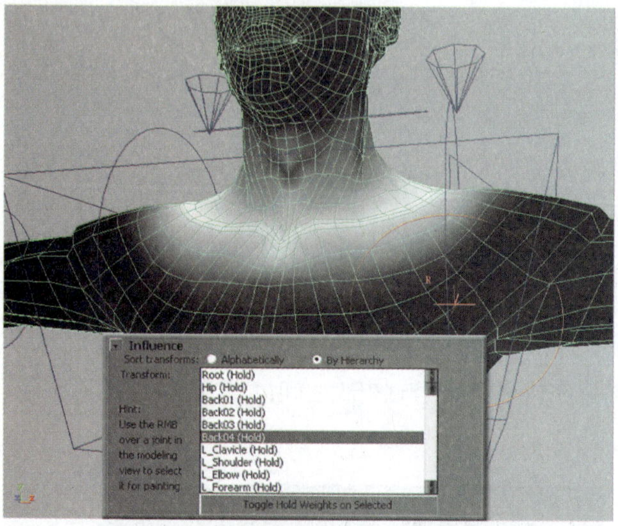

图7.93　编辑躯干部分的权重11

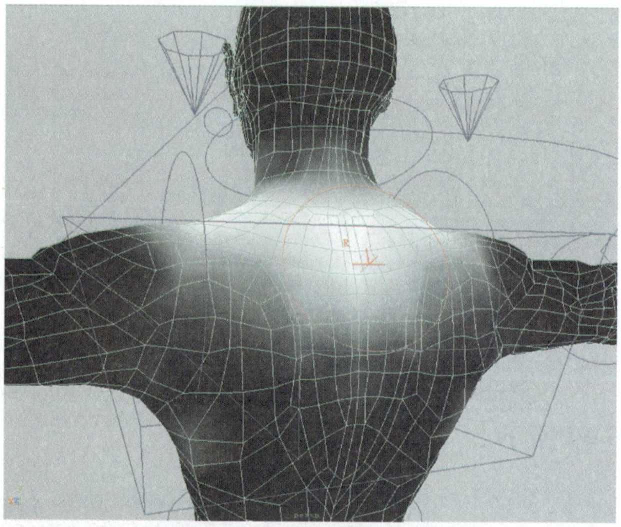

图7.94　编辑躯干部分的权重12

7.4.6　编辑头部权重

对于头部的骨骼设定并不复杂，只是通过关节控制头部的旋转运动，以及对眼睛和嘴部的运动控制。更多的头部表情可以通过BlendShape［融合变形］控制，以降低绑定的难度。

图7.95中用红色边框圈出的地方是头部和躯干连接的地方，也是权重过渡需要注意的地方。

与头部运动发生直接关系的是颈部，从头部到颈部的转折是在绘制权重时需要细心的地方。

选择关节Neck，绘制关节所控制的区域。Neck关节较为特殊，因为它的位置正好处于锁骨和头部之间，它所控制的皮肤范围是为从躯干到头部的弯曲旋转服务的。因此Neck关节的权重最终形态是要全部接近于Smooth的，权重值Value：0＜x≤0.5，如图7.96和图7.97所示。

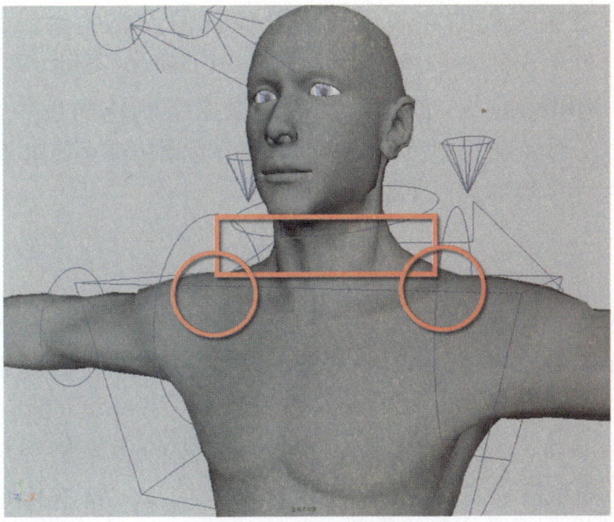

图7.95　编辑头部权重1

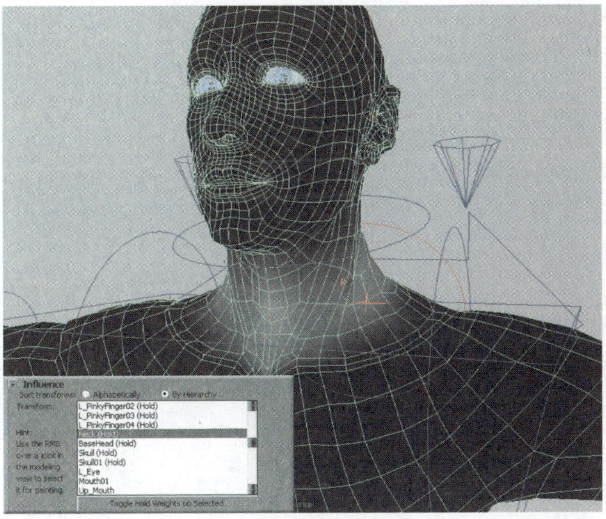

图7.96　编辑头部权重2

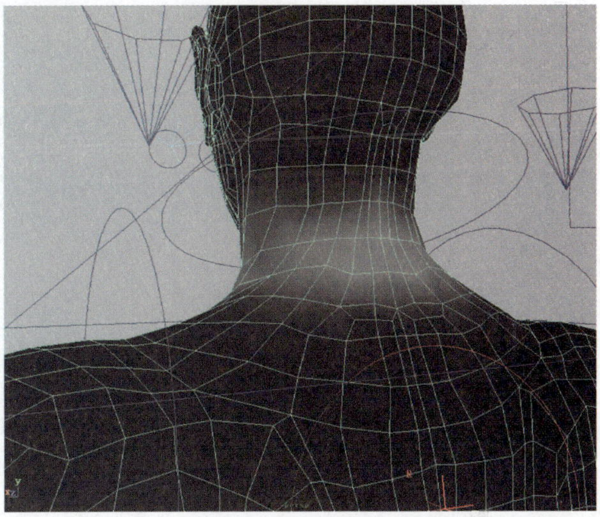

图7.97　编辑头部权重3

编辑头部骨骼的BaseHead关节控制整个头部，其他的关节可以不控制任何皮肤，因为表情动画可以通过BlendShape完成，在本案例中仅使用骨骼控制头部的旋转运动，如图7.98和图7.99所示。

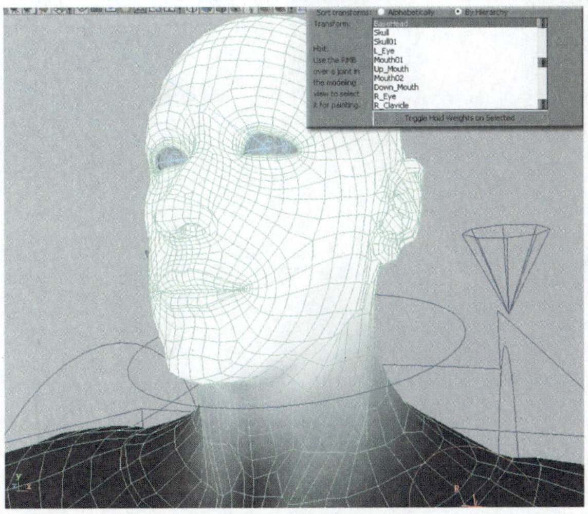

图7.98　编辑头部权重4

图7.99　编辑头部权重5

在左半部分权重都已准确无误的完成后，需要像镜像骨骼的关节一样的权重。选择模型，在模型的物体级别下执行菜单Skin→Edit Smooth Skin_Mirror Skin Weights［镜像蒙皮权重］→❐，在Mirror Skin Weights的工具选项面板中，根据所制作角色位置的对称性，调整Mirror across为一个正确的平面，再点击面板下方的Mirror［镜像］或者Apply［应用］即可。

在本案例中设置Mirror across为"YZ"。

7.5 权重的检查

整个的角色的设定工作已经全部完成，绑定师在将角色转交给动画师之前需要做最后的审核。因为动画师已经对角色的骨骼系统和控制器系统做了检查，因此绑定师对审核工作的难度也因此而变得简单。

在角色的模型、骨骼系统、控制器系统、蒙皮、蒙皮权重全部完成的前提下，绑定师要根据项目的分镜头台本摆出角色在镜头中的几个Pose［姿势］，依次检查权重的合理性。

图7.100至图7.102是角色的几个Pose，供读者参考。

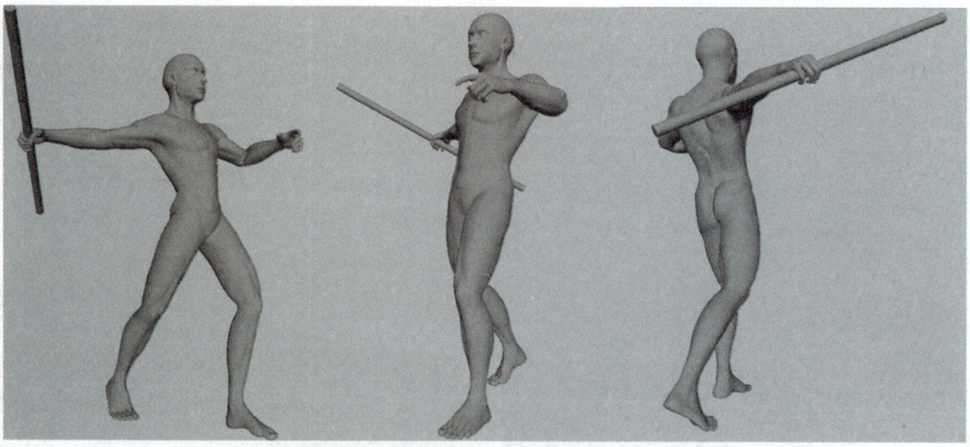

图7.100　角色Pose1

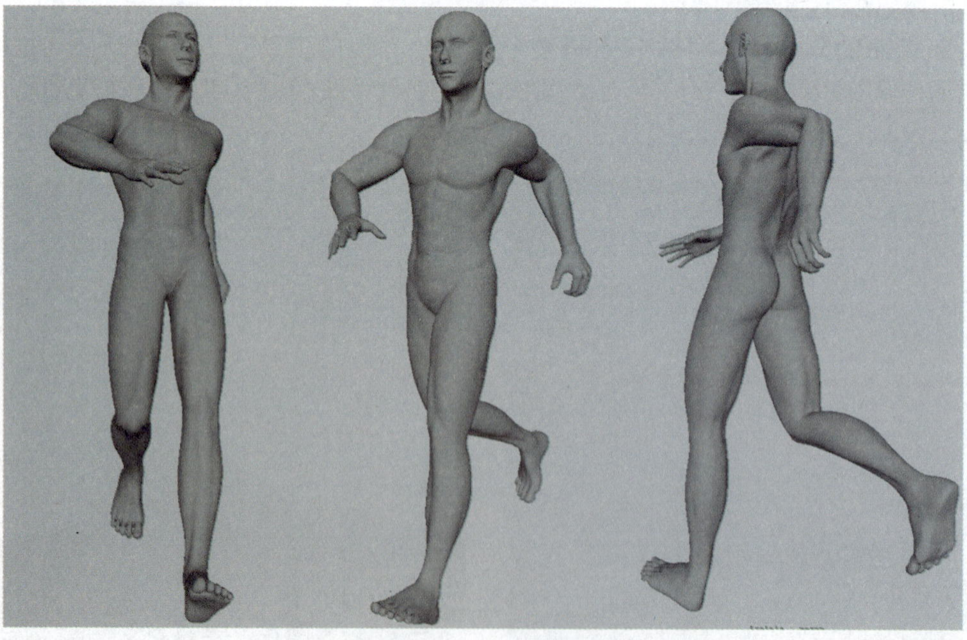

图7.101　角色Pose2

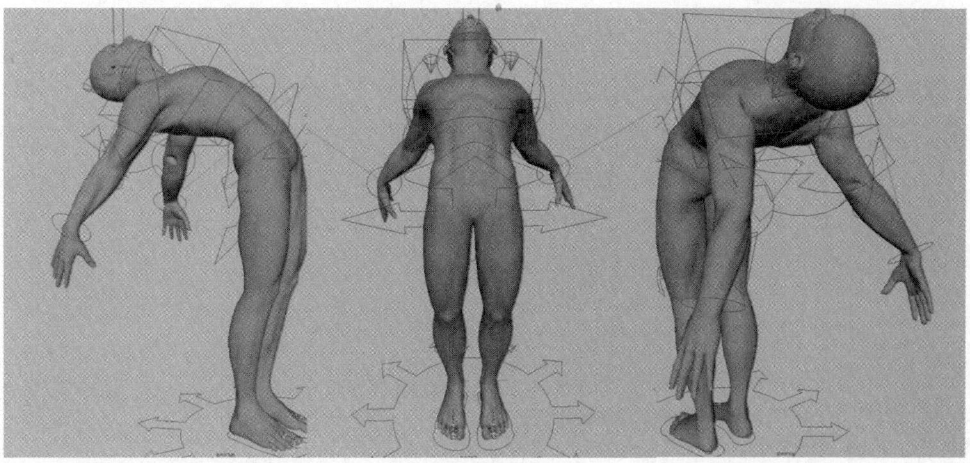

图7.102 角色Pose3

在理解角色设定的各道工序的原理后，要多加练习才能够提高自身的技术。在熟练三维软件应用的基础上，应尽量提高艺术认知，这样才能将艺术融入工作中。

本章小结

本章讲解了整个角色蒙皮的过程：蒙皮是角色绑定工作中的重要组成部分。在蒙皮的前后都要对角色模型、骨骼、控制器做完善的检查，在Outline中保持严格的命名，Outline中一定要整洁。对于已完成权重编辑的关节一定要加锁，否则会由于受到其他关节权重的影响导致权重错乱。

任务分析

编辑角色骨骼的权重能够体现出对人体解剖的理解，这是一个艺术再创造的过程。对肌肉结构的准确把握不止要求静态，而更多的是动态的。因此编辑权重时需要考虑肌肉在运动过程中的变形。

复习思考题

按照本章讲解的内容，完整的为角色蒙皮。

版权声明